FORSCHUNGSBERICHTE DES LANDES NORDRHEIN-WESTFALEN

Nr. 2078

Herausgegeben im Auftrage des Ministerpräsidenten Heinz Kühn
von Staatssekretär Professor Dr. h. c. Dr. E. h. Leo Brandt

Hans Johnen

Räume stetiger Funktionen und Approximation auf kompakten Mannigfaltigkeiten

Walter Trebels

Einige n-parametrige Approximationsverfahren und Charakterisierungen ihrer Favardklassen

Lehrstuhl A für Mathematik der Rhein.-Westf. Techn. Hochschule Aachen

WESTDEUTSCHER VERLAG · KÖLN UND OPLADEN 1970

ISBN 978-3-663-06402-2 ISBN 978-3-663-07315-4 (eBook)
DOI 10.1007/978-3-663-07315-4
Verlags-Nr. 012078

Gesamtherstellung: Westdeutscher Verlag ·

Hans Johnen

Räume stetiger Funktionen und Approximation auf kompakten Mannigfaltigkeiten

Inhalt

Einleitung

Es sei M der Einheitskreis in der komplexen Ebene. M ist eine eindimensionale Riemannsche Mannigfaltigkeit mit der Metrik $\varrho(q_1, q_2) = |(x_1 - x_2) + 2k\pi|$, wobei $q_1 = e^{ix_1}$, $q_2 = e^{ix_2}$ und die ganze Zahl k so gewählt ist, daß $|x_1 - x_2 + 2k\pi| \leqq \pi$. Ist f eine auf M definierte Funktion, so kann man bezüglich dieser Metrik den Stetigkeitsmodul

$$\omega(t, f) = \sup\{|f(q_1) - f(q_2)|;\quad \varrho(q_1, q_2) \leqq t,\, q_1, q_2 \in M\}$$

von f bilden. Er gibt ein Maß für die Glätte von f an. Der Satz von JACKSON verknüpft die Glätteeigenschaften von f mit der Geschwindigkeit der besten Approximation durch trigonometrische Polynome. Ist $E_s(f) = \inf\{\sup_{q \in M} |f(q) - t_s(q)|;\ t_s$ trig. Polynom vom Grade $\leqq s\}$ und $f \in C^\varrho(M)$, d. h. $f^{(\varrho)}$ ist stetige Funktion auf M, so folgt

$$E_s(f) \leqq c_\varrho(s+1)^{-\varrho}\,\omega((s+1)^{-1}, f^{(\varrho)}).$$

Also erhalten wir für $\omega(t, f^{(\varrho)}) = O(t^\alpha)$, $0 < \alpha \leqq 1$,

$$E_s(f) = O(s^{-(\varrho+\alpha)}).$$

Umgekehrt erlaubt der Satz von BERNSTEIN von einer vorgegebenen Abschätzung $E_s(f) = O(s^{-(\varrho+\alpha)})$, $0 < \alpha < 1$, auf die Stetigkeit der ϱ-ten Ableitung von f mit $\omega(t, f^{(\varrho)}) = O(t^\alpha)$ zu schließen. Die Aussagen $E_s(f) = O(s^{-(\varrho+\alpha)})$ und $\omega(t, f^{(\varrho)}) = O(t^\alpha)$ sind also für $0 < \alpha < 1$ äquivalent. Im Falle $\alpha = 1$ gilt jedoch keine Äquivalenz (siehe [1], p. 150, 231).

Bei der Definition des ersten Stetigkeitsmoduls wurde nur benützt, daß M eine Metrik besitzt. Nun ist M aber auch eine Gruppe. Die durch die Multiplikation der komplexen Zahlen auf M gegebene Gruppenverknüpfung drückt sich durch die Addition der entsprechenden Winkelargumente aus. Ist $q_1 = e^{ix_1}$, $q_2 = e^{ix_2}$, dann kann man q_2 mit $h = x_2 - x_1$ durch $q_2 = e^{i(x_1+h)}$ ausdrücken. Man definiert daher als Verallgemeinerung von $f(q_2) - f(q_1)$ die r-te Differenz von f an der Stelle q_1 mit Schrittweite h durch

$$\Delta_h^r f(q_1) = \sum_{k=0}^{r} (-1)^{r-k} \binom{r}{k} f(e^{i(x+kh)}),$$

den r-ten Stetigkeitsmodul durch

$$\omega_r(t, f) = \sup\{|\Delta_h^r f(q_1)|;\quad q_1 \in M,\ |h| \leqq t\}.$$

Nach Definition ist dann $\omega(t, f) = \omega_1(t, f)$ und $\omega_r(t, f) \leqq 2^{r-1}\omega_1(t, f)$. Für $f \in C^\varrho(M)$ gilt nun die Ungleichung

$$E_s(f) \leqq c_{\varrho+1}(s+1)^{-\varrho}\omega_2((s+1)^{-1}, f^{(\varrho)})$$

als Verschärfung der durch den Satz von JACKSON gegebenen Abschätzung von $E_s(f)$. Ist $\omega_2(t, f^{(\varrho)}) = O(t^\alpha)$, $0 < \alpha \leqq 1$, so folgt demnach $E_s(f) = O(s^{-(\varrho+\alpha)})$. Umgekehrt folgt nach ZYGMUND aus $E_s(f) = O(s^{-(\varrho+\alpha)})$, daß $f \in C^\varrho(M)$ und $\omega_2(t, f^{(\varrho)}) = O(t^\alpha)$, $0 < \alpha \leqq 1$. Dies bedeutet, daß der zweite Stetigkeitsmodul wesentlich besser als der erste Stetigkeitsmodul zur Beschreibung des Zusammenhangs zwischen Glattheitseigenschaften und Geschwindigkeit der besten Approximation geeignet ist.

Ziel dieser Arbeit ist es nun, die Approximation von stetigen Funktionen auf allgemeineren Mannigfaltigkeiten zu untersuchen. Gewünscht werden auch hier Aussagen über den Zusammenhang zwischen bester Approximation und Glattheit bestimmter Teilräume des Raumes der stetigen Funktionen, die durch Lipschitzbedingungen charakterisiert werden. Für eine kompakte Riemannsche Mannigfaltigkeit M mit der Riemannschen Metrik ϱ können wir zu $f \in \mathsf{C}(M)$ wiederum die Größe

$$\omega(t,f) = \sup\{|f(q_1) - f(q_2)|;\quad \varrho(q_1, q_2) \leqq t, q_1, q_2 \in M\}$$

als Stetigkeitsmodul von f einführen.
Ist (U, φ) eine Karte von M und Q eine konvexe, kompakte Teilmenge von $\varphi(U)$, so gibt es Konstanten c_1, c_2 mit

(*) $$c_1\varrho(q_1, q_2) \leqq \|\varphi(q_1) - \varphi(q_2)\| \leqq c_2\varrho(q_1, q_2)$$

für alle $q_1, q_2 \in M$, für die $\varphi(q_1), \varphi(q_2) \in Q$. Mit Hilfe dieser Eigenschaft konnte Ragozin [14] für kompakte Untermannigfaltigkeiten M des $\mathbb{R}^n$ aus $f \in \mathsf{C}^\varrho(M)$ und $\omega(t, D_1 \ldots \ldots D_\varrho f) = O(\Omega(t))$ für beliebige Vektorfelder $D_1, \ldots, D_\varrho$ auf M

$$E_s(f) = O((s + 1)^{-\varrho}\Omega(1/s + 1))$$

schließen, wobei $E_s(f)$ die beste Approximation durch Restriktionen algebraischer Polynome vom Grade s auf M und Ω ein verallgemeinerter Stetigkeitsmodul (siehe [12]) ist.
Da M im allgemeinen jedoch keine Lie-Gruppe ist wie der Einheitskreis, ist diese Definition von $\omega(t,f)$ zur Verallgemeinerung auf höhere Stetigkeitsmodule, wie dies oben geschah, und damit schon zur Definition von Lipschitzklassen 2-ter Ordnung nicht geeignet. Die Eigenschaft (*) legt es aber nahe, Lipschitzklassen grundsätzlich lokal zu definieren, wie es für den Fall der Lipschitzklassen erster Ordnung auch inzwischen in [15] geschehen ist. Jede Karte (U, φ) liefert eine lokale Gruppe von lokalen Transformationen von M, bezüglich derer wir Differenzen einer Funktion bilden und damit lokale, allerdings von den Transformationsgruppen abhängige Stetigkeitsmodule erhalten können. Das Hauptproblem ist nun, zu zeigen, daß die solcher Art definierten, lokalen Lipschitzeigenschaften einer Funktion f nicht von der speziellen, durch die Karte (U, φ) gegebenen lokalen Gruppe von lokalen Transformationen abhängen, d. h., daß verschiedene Karten gleiche lokale Lipschitzbedingungen liefern. Für die Lipschitzbedingungen erster Differenz ist die Unabhängigkeit von den Karten leicht nachzuweisen. Für Lipschitzbedingungen zweiter Differenz wird dies in einer Arbeit von Ragozin [15] ausdrücklich als ungelöstes Problem genannt.
Satz 2 dieser Arbeit gibt eine Lösung dieses Problems. Dadurch erhalten wir (Satz 6) eine wesentliche Verschärfung des oben erwähnten Satzes von Ragozin, die vereinfacht in einem Spezialfall lautet:
Ist $f \in \mathsf{C}^\varrho(M)$, und genügen die Funktionen $D_1 \ldots D_\varrho f$ für beliebige Vektorfelder $D_1, \ldots, D_\varrho$ auf M lokalen Lipschitzbedingungen bezüglich der zweiten Differenz mit der Ordnung t^α, $0 < \alpha \leqq 1$, dann folgt

$$E_s(f) = O(s^{-(\varrho+\alpha)}).$$

Im weiteren Verlauf verallgemeinern wir unsere Betrachtungen, indem wir für direkte Sätze sogenannte Jackson-Systeme betrachten. Hauptergebnis ist hier eine Abschätzung der besten Approximation auf weniger glatten Funktionenräumen, falls sie auf sehr glatten bekannt ist (Satz 8).

Zum Beweis der Umkehrsätze (Bernstein-Satz) definieren wir Bernstein-Systeme und erhalten für eine Kombination von Jackson- und Bernstein-Systemen ein Ergebnis über die Äquivalenz von Lipschitzbedingungen und Geschwindigkeit der besten Approximation auf sehr allgemeinen Mannigfaltigkeiten. In neuester Zeit ([3], [4], [5]) wurde gezeigt, daß etwas isoliert dastehende Aussagen von ZAMANSKY und STEČKIN für die trigonometrischen Polynome bester Approximation auf dem Einheitskreis mit den Sätzen von JACKSON und BERNSTEIN in Zusammenhang stehen. Und zwar sind für Polynome bester Approximation die Sätze von JACKSON, BERNSTEIN, ZAMANSKY und STEČKIN in ihrer gebräuchlichsten Form einander äquivalent. In [10] wurde bewiesen, daß sich diese Ergebnisse auch auf den n-dimensionalen Torus übertragen lassen, und Satz 10 dieser Arbeit zeigt, daß diese Ergebnisse auf sehr vielen Mannigfaltigkeiten ihre Gültigkeit behalten. Die hierbei verwandte Methode läßt unter anderem auch Anwendungen auf den n-dimensionalen Torus und die unitäre Gruppe $U(n)$ zu.

Der Verfasser dankt dem Landesamt für Forschung für die Unterstützung dieses unter Nr. I/3-3779 geförderten Forschungsvorhabens. Es wurde unter der Leitung von Herrn Professor Dr. P. L. BUTZER durchgeführt. Ich bin besonders ihm und den Herren Dr. SCHERER und Dr. TREBELS für häufige, lange, fruchtbringende Diskussionen und die kritische Durchsicht des Manuskriptes verpflichtet. Desgleichen danke ich Herrn Dr. NESSEL für wertvolle Hinweise sowie Frau KOCH, die das Manuskript in einen für den Drucker leserlichen Zustand brachte.

Allgemeine Bezeichnungen

Es sei $\mathbb{C}$ die Menge der komplexen, $\mathbb{R}$ die der reellen, $\mathbb{R}^+$ die der nichtnegativen, reellen, $\mathbb{Z}$ die der ganzen, $\mathbb{N}$ die der nichtnegativen, ganzen Zahlen. Zu $m \in \mathbb{N}$, $m > 0$, bezeichne $\mathbb{R}^m$, $\mathbb{Z}^m$, $\mathbb{N}^m$ die Menge aller m-Tupel von Elementen aus $\mathbb{R}$, $\mathbb{Z}$, $\mathbb{N}$. Elemente von $\mathbb{R}^m$ bezeichnen wir mit x, y, z, h, Elemente aus $\mathbb{N}^m$ mit β, γ.
Die Einheitsvektoren in Richtung der l-ten Koordinatenachse in $\mathbb{R}^m$ bezeichnen wir mit e^l. Ist $x \in \mathbb{R}^m$, $x = (x_1, \ldots, x_m)$, so sei $\| x \| = \max\{| x_i |;\ i = 1, \ldots, m\}$. Unter Q_δ, $\delta > 0$, verstehen wir den n-dimensionalen Würfel mit der Kantenlänge $2\,\delta$, Kanten parallel zu den Koordinatenachsen und dem Ursprung als Mittelpunkt, d. h. $Q_\delta = \{x \in \mathbb{R}^m;\ \| x \| \leqq \delta\}$. Für verschieden dimensionale Würfel wird die Dimension jeweils durch einen Exponenten ausgedrückt. Nach der Multiindexschreibweise ist für $\beta \in \mathbb{N}^m$ definiert $\beta! = \prod_{i=1}^{m} \beta_i!$. Ist $\gamma \in \mathbb{N}^m$ und $\gamma \leqq \beta$, d. h. $0 \leqq \beta_i - \gamma_i$ für $i = 1, \ldots, m$, so sei $\binom{\beta}{\gamma} = \frac{\beta!}{\gamma!\,(\beta-\gamma)!}$. Ist $x \in \mathbb{R}^m$, so stehe x^β für $\prod_{i=1}^{m} x_i^{\beta_i}$. Ferner definieren wir zu $\beta \in \mathbb{N}^m$ den Differentialoperator

$$\partial_m^\beta = \frac{\partial^{|\beta|}}{\partial x_1^{\beta_1} \ldots \partial x_m^{\beta_m}},$$

wobei $|\beta| = \sum_{i=1}^{m} \beta_i$.

Ist φ eine Abbildung der Menge A in eine Menge B und $A' \subset A$, so sei $\varphi \mid A'$ die Restriktion von φ auf A'. Sind $\varphi\colon A \to B$ und $\psi\colon C \to E$ Abbildungen, dann ist das Kompositum $\psi \circ \varphi$ auf der Menge $\varphi^{-1}(C \cap B)$ erklärt; $\psi \circ \varphi(q) = \psi(\varphi(q))$ für $q \in \varphi^{-1}(C \cap B)$. Abbildungen in die Menge $\mathbb{C}$ nennen wir Funktionen und bezeichnen sie mit f, g. Bezeichnen wir eine Funktion mit g, dann soll sie auf einer Teilmenge des

$\mathbb{R}^m$ definiert sein. Ist A eine Teilmenge des Definitionsbereiches der Funktion f, so sei

$$\|f\|_A = \sup\{|f(q)|;\ q \in A\}.$$

Indexmengen sind durch $\mathcal{I}$ und $\mathcal{J}$ bezeichnet. Soll betont werden, daß eine Indexmenge endlich ist, dann werden die lateinischen Buchstaben I und J benützt.
Ist A Untermenge eines topologischen Raumes, so sei A° das Innere von A. Eine mit K bezeichnete Teilmenge sei immer kompakt. Konstanten werden mit c bezeichnet, wobei sich verschiedene Konstanten innerhalb eines Satzes, Lemma oder Beweises durch verschiedene Indizes unterscheiden.

1. Funktionenklassen auf Mannigfaltigkeiten

1.1 Mannigfaltigkeiten und differenzierbare Funktionen

Es sei M ein Hausdorffraum, der lokal homöomorph zu $\mathbb{R}^m$ ist, d. h. zu jedem $q \in M$ gibt es eine offene Umgebung U von q, eine offene Menge G in $\mathbb{R}^m$ und eine Homöomorphie φ von U auf G. Das Paar (U, φ) heißt eine Karte von M. Mit S. Helgason [9] bezeichnen wir eine Menge $\mathcal{S} = \{(U_i, \varphi_i);\ i \in \mathcal{I}\}$ von Karten als eine *m-dimensionale differenzierbare Struktur* für M, wenn $\mathcal{S}$ folgende Bedingungen erfüllt:

(M_1) $M = \bigcup_{i \in \mathcal{I}} U_i$;

(M_2) für $i_1, i_2 \in \mathcal{I}$ ist die Abbildung $\varphi_{i_2} \circ \varphi_{i_1}^{-1}$ eine beliebig oft stetig differenzierbare Abbildung von $\varphi_{i_1}(U_{i_1} \cap U_{i_2})$ auf $\varphi_{i_2}(U_{i_1} \cap U_{i_2})$;

(M_3) $\mathcal{S}$ ist maximal bezüglich der Eigenschaften (M_1) und (M_2).

Ein Hausdorffraum M mit einer m-dimensionalen differenzierbaren Struktur $\mathcal{S}$ heißt eine *m-dimensionale Mannigfaltigkeit.*
Mannigfaltigkeiten sind im folgenden mit M oder N bezeichnet. Die Dimension der Mannigfaltigkeit sei implizit durch den kleinen lateinischen Buchstaben gegeben. Die Mannigfaltigkeit N ist also n-dimensional. Unter einem *Atlas* für eine Teilmenge A einer Mannigfaltigkeit verstehen wir eine Teilfamilie $\mathcal{A} = \{(U_i, \varphi_i);\ i \in \mathcal{I}'\}$ der m-dimensionalen Struktur $\mathcal{S}$ für M, für die $A \subset \bigcup_{i \in \mathcal{I}'} U_i$ gilt.

Bezeichnen wir die Menge aller komplexwertigen, stetigen Funktionen auf M mit $\mathsf{C}(M)$ und ist $\mathcal{A} = \{(U_i, \varphi_i);\ i \in \mathcal{I}\}$ ein Atlas für M, so gehört die Funktion f: $M \to \mathbb{C}$ offenbar genau dann zu $\mathsf{C}(M)$, wenn die Funktionen $f \circ \varphi_i^{-1}$ für alle $i \in \mathcal{I}$ auf $\varphi_i(U_i)$ stetig sind. Ist $\varrho \in \mathbb{N}$, so sei für den Atlas $\mathcal{A}$

$$\mathsf{C}^\varrho(M, \mathcal{A}) = \{f \in \mathsf{C}(M);\ \partial_m^\beta f \circ \varphi_i \text{ ist stetig auf } \varphi_i(U_i), i \in \mathcal{I}, |\beta| \leqq \varrho\}.$$

Nach der Kettenregel für die Differentiation von zusammengesetzten Funktionen folgt $\mathsf{C}^\varrho(M, \mathcal{A}) = \mathsf{C}^\varrho(M, \mathcal{A}')$ für verschiedene Atlanten $\mathcal{A}$ und $\mathcal{A}'$. Wir setzen deshalb $\mathsf{C}^\varrho(M) := \mathsf{C}^\varrho(M, \mathcal{A})$ und definieren $\mathsf{C}^\infty(M) = \bigcap_{\varrho \in \mathbb{N}} \mathsf{C}^\varrho(M)$, wobei $\mathsf{C}^\circ(M) = \mathsf{C}(M)$ ist.

Die Mengen $\mathsf{C}^\varrho(M)$ und $\mathsf{C}^\infty(M)$ sind Algebren über $\mathbb{C}$. Unter einem Vektorfeld D auf M verstehen wir eine Derivation der Algebra $\mathsf{C}^\infty(M)$, d. h. eine $\mathbb{C}$-lineare Abbildung von $\mathsf{C}^\infty(M)$ in sich, für die gilt

$$D(f_1 \cdot f_2) = (Df_1) \cdot f_2 + f_1 \cdot (Df_2).$$

Die Menge aller Vektorfelder auf M sei mit $\mathfrak{D}(M)$ bezeichnet. Ist (U, φ) eine Karte von M und $D \in \mathfrak{D}(M)$, dann läßt sich für alle $f \in \mathsf{C}^\infty(M)$ und $x \in \varphi(U)$

$$[Df] \circ \varphi^{-1}(x) = \sum_{|\beta| = 1} a_\beta(x)\, [\partial_m^\beta f \circ \varphi^{-1}]\,(x) \tag{1.1}$$

zeigen (siehe [9], p. 10), wobei die a_β von f unabhängige, unendlich oft differenzierbare Funktionen auf $\varphi(U)$ sind. Die rechte Seite von (1.1) läßt sich daher dazu benützen, um den Definitionsbereich eines Vektorfeldes auf die Algebren $\mathsf{C}^{\varrho+1}(M)$, $\varrho \in \mathbb{N}$, zu erweitern. Für $D \in \mathfrak{D}(M)$ gilt

$$D\colon \mathsf{C}^{\varrho+1}(M) \to \mathsf{C}^\varrho(M).$$

1.2 Banachräume von differenzierbaren Funktionen mit kompakten Trägern

Ist $K \subset M$ eine kompakte Teilmenge, so sei

$$\mathsf{C}^\varrho(K) = \{f \in \mathsf{C}^\varrho(M);\ \operatorname{Trg} f \subset K\}.$$

Hierbei bezeichne $\operatorname{Trg} f$ den Träger der Funktion f.
Wir wollen $\mathsf{C}^\varrho(K)$ zu einem Banachraum machen und geben dazu

Definition 1. *$\mathcal{U} = \{(U_i, \varphi_i);\ i \in I\}$ besitzt bezüglich K die Eigenschaft (E), wenn*

(i) *$\mathcal{U}$ ist ein Atlas für K,*

(ii) *$Q_\delta \subset \varphi_i(U_i)$ für alle $i \in I$,*

(iii) $K \subset \bigcup_{i \in I} \varphi_i^{-1}(Q_\delta^0)$. [1]

Ein zentraler Punkt für alle weiteren Überlegungen ist die Existenz eines Systems $\mathcal{U}$ mit diesen Eigenschaften. Dazu bemerken wir:
Ist ψ eine unendlich oft stetig differenzierbare, eineindeutige Abbildung des $\mathbb{R}^m$ in sich, dann ist zu einer beliebigen Karte (U, φ) von M auch $(U, \psi \circ \varphi)$ eine Karte von M, da die differenzierbare Struktur die Eigenschaft (M_3) besitzt. Zu jedem $q \in M$ gibt es eine Karte (U, φ) mit $q \in U$. Durch Verschiebung und Multiplikation können wir also zu jedem $q \in M$ eine Karte (U, φ') konstruieren, so daß $\varphi'(q) \in Q_\delta^0 \subset Q_\delta \subset \varphi'(U)$. Wegen der Kompaktheit von K können wir demnach ein System $\mathcal{U}$ auswählen, das Definition 1 genügt.

Satz 1. *Besitzt $\mathcal{U} = \{(U_i, \varphi_i);\ i \in I\}$ bezüglich K die Eigenschaft (E), dann ist*

$$\|f\|_\varrho^{\mathcal{U}} := \sum_{i \in I} \sum_{|\beta| \leqq \varrho} \|\partial_m^\beta f \circ \varphi_i^{-1}\|_{Q_\delta} \tag{1.2}$$

eine Banachnorm für $\mathsf{C}^\varrho(K)$. Besitzt $\mathcal{V}$ bezüglich K die Eigenschaft (E), dann gibt es positive Konstanten c_1, c_2, so daß

$$c_1 \|f\|_\varrho^{\mathcal{U}} \leqq \|f\|_\varrho^{\mathcal{V}} \leqq c_2 \|f\|_\varrho^{\mathcal{U}}, \tag{1.3}$$

d. h. die Normen sind äquivalent.

[1] δ ist eine beliebige, aber feste, positive Zahl und I nach Konvention endlich.

Beweis: Der Beweis, daß $\|f\|_\varrho^{\mathscr{U}}$ eine Banachnorm auf $C^\varrho(K)$ ist, ist standard. Wir beschränken uns darauf, den rechten Teil der Ungleichung (1.3) zu beweisen. Für die Atlanten $\mathscr{U} = \{(U_i, \varphi_i);\ i \in I\}$ und $\mathscr{V} = \{(V_j, \psi_j);\ j \in J\}$ von K betrachten wir die zusammengesetzte Funktion $f \circ \varphi_i^{-1} \circ (\varphi_i \circ \psi_j^{-1}) : = f \circ \varphi_i^{-1} \circ \Phi^{ij}$. Sie stimmt auf der Menge $\psi_j(U_i \cap V_j)$ mit der Funktion $f \circ \psi_j^{-1}$ überein, und nach der Kettenregel gilt dort

$$\partial_m^\beta f \circ \psi_j^{-1}(x) = \sum_{|\gamma| \leqq |\beta|} a_\gamma^{ij}(x) \, [\partial_m^\gamma f \circ \varphi_i^{-1}] \circ \Phi^{ij}(x),$$

wobei die Funktionen a_γ^{ij} auf $\psi_j(U_i \cap V_j)$ unendlich oft differenzierbar sind und nur von Φ^{ij} und seinen Ableitungen abhängen. Wird das Maximum von $\partial_m^\beta f \circ \psi_j^{-1}$ auf Q_δ an der Stelle x_0 angenommen, so wähle man nach Definition 1 (iii), ein $i \in I$ mit $\Phi^{ij}(x_0) \in Q_\delta$. Dann gilt

$$|\partial_m^\beta f \circ \psi_j^{-1}(x_0)| \leqq c_\beta^{ij} \sum_{|\gamma| \leqq \varrho} \|\partial_m^\gamma f \circ \varphi_i^{-1}\|_{Q_\delta},$$

und durch Summation über alle $i \in I$, $j \in J$ und $|\beta| \leqq \varrho$ erhält man eine Konstante c_2, so daß $\|f\|_\varrho^{\mathscr{V}} \leqq c_2 \|f\|_\varrho^{\mathscr{U}}$.

Bemerkung 1. *Nach* (1.2) *ist der Banachraum* $C^{\varrho+1}(K)$ *stetig in den Banachraum* $C^\varrho(K)$ *eingebettet.*

Bemerkung 2. *Für* $C(K)$ *sind die Normen* $\|f\|_M$ *und* $\|f\|_0^{\mathscr{U}}$ *äquivalent, denn es gilt*

$$\|f\|_M = \max_{i \in I} \|f \circ \varphi_i^{-1}\|_{Q_\delta} \leqq \|f\|_0^{\mathscr{U}} \leqq (\operatorname{card} I) \, \|f\|_M.$$

1.3 Lipschitzräume auf Mannigfaltigkeiten

Wir suchen nun nach Unterräumen Λ von $C^\varrho(K)$, die zwischen $C^\varrho(K)$ und $C^{\varrho+1}(K)$ liegen, d. h. für die gilt $C^{\varrho+1}(K) \subset \Lambda \subset C^\varrho(K)$.
Eine Methode, zu solchen Räumen zu gelangen, beruht auf der Einführung von Translationen mittels globalen Transformationsgruppen und im Zusammenhang damit auf der Einführung von Stetigkeitsmoduln. Für eine allgemeine Mannigfaltigkeit können wir jedoch keine globalen Transformationsgruppen, sondern nur lokale Gruppen von lokalen Transformationen erwarten[2]. Speziell beschäftigen wir uns mit lokalen Gruppen von lokalen Transformationen, die durch Karten und $\mathbb{R}^m$ gegeben sind. Ist nämlich (U, φ) eine Karte von M, so definieren wir die lokale m-parametrige Gruppe von lokalen Transformationen

(1.4) $$T_\varphi(h)(q) : = \varphi^{-1}(\varphi(q) + h).$$

Besitzt $\mathscr{U} = \{(U_i, \varphi_i);\ i \in I\}$ bezüglich K die Eigenschaft (E), und ist f_i eine auf U_i definierte Funktion, dann können wir für kleines h und $q \in \varphi_i^{-1}(Q_\delta)$

(1.5) $$(\Delta, \varphi_i)_h^r f_i(q) : = \sum_{k=0}^{r} (-1)^{r-k} \binom{r}{k} f_i(T_{\varphi_i}(kh)\, q)$$

bilden, und wir definieren

(1.6) $$\omega_r(t, f_i, \varphi_i^{-1}(Q_\delta)) : = \sup\{|(\Delta, \varphi_i)_h^r f_i(q)|;\ q,\ T_{\varphi_i}(rh)(q) \in \varphi_i^{-1}(Q_\delta),\ \|h\| \leqq t\}.$$

Nach (1.4) ist $(\Delta, \varphi_i)_h^r f_i(q) = \sum_{k=0}^{r} (-1)^{r-k} \binom{r}{k} f_i \circ \varphi_i^{-1}(\varphi_i(q) + kh)$. Die Funktion

[2] Definition und Eigenschaften von globalen (lokalen) Gruppen von globalen (lokalen) Transformationen siehe [11].

$f_i \circ \varphi_i^{-1}$ ist auf der offenen Menge $\varphi_i(U_i) \subset \mathbb{R}^m$ erklärt. $\varphi_i(U_i)$ bildet mit der Inklusion eine Karte von $\mathbb{R}^m$, und wir erkennen, daß für $x = \varphi_i(q)$

$$\Delta_h^r f_i \circ \varphi_i^{-1}(x) := \sum_{k=0}^{r} (-1)^{r-k} \binom{r}{k} f_i \circ \varphi_i^{-1}(x + kh) = (\Delta, \varphi_i)_h^r f_i(q).$$

Deshalb ist

$$\omega_r(t, f_i, \varphi_i^{-1}(Q_\delta)) = \omega_r(t, f_i \circ \varphi_i^{-1}, Q_\delta), \tag{1.7}$$

wobei

$$\omega_r(t, f_i \circ \varphi_i^{-1}, Q_\delta) := \sup \{ |\Delta_h^r f_i \circ \varphi_i^{-1}(x)| ;\ x, x + rh \in Q_\delta,\ \|h\| \leqq t \}. \tag{1.8}$$

Den Funktionen $L_\alpha : \mathbb{R}^+ \to \mathbb{R}^+$,

$$L_\alpha = \begin{cases} t^\alpha & 0 \leqq t \leqq 1 \\ 1 & 1 \leqq t < \infty \end{cases} \qquad (\alpha > 0) \tag{1.9}$$

ordnen wir nun die Klasse

$$H_\alpha = \{ \Omega ; \Omega \in \mathsf{C}(\mathbb{R}^+),\ \Omega(0) = 0,\ \Omega(t) \text{ beschränkt},\ \Omega(t) \geqq d_{\Omega,\alpha} L_\alpha(t),\ d_{\Omega,\alpha} > 0 \}$$

zu und geben

Definition 2. *Besitzt* $\mathcal{U} = \{(U_i, \varphi_i);\ i \in I\}$ *bezüglich* K *die Eigenschaft* (E), *und ist* $\Omega \in H_r$, *dann gehört* $f \in \mathsf{C}(K)$ *zur Klasse* $\mathsf{Lip}^\varrho(\Omega, r, K, \mathcal{U})$, *falls* $f \in \mathsf{C}^\varrho(K)$ *und es eine Konstante* c *gibt, so daß* $\omega_r(t, [\partial_m^\beta f \circ \varphi_i^{-1}] \circ \varphi_i, \varphi_i^{-1}(Q_\delta)) \leqq c\,\Omega(t)$ *für alle* $i \in I$ *und* $|\beta| = \varrho$.

Wir beschränken uns in dieser Arbeit auf die Fälle $r = 1$ und $r = 2$ [3]. Das Problem ist, zunächst zu zeigen, daß die Räume $\mathsf{Lip}^\varrho(\Omega, r, K, \mathcal{U})$, unabhängig von dem speziellen Atlas $\mathcal{U}$ für K sind, d. h. es gilt $\mathsf{Lip}^\varrho(\Omega, r, K, \mathcal{U}) = \mathsf{Lip}^\varrho(\Omega, r, K, \mathcal{V})$. Bezeichnen wir nach (1.7)

$$|f\|_{\varrho,\Omega,r}^{\mathcal{U}} := \sum_{i \in I} \sum_{|\beta| = \varrho} \sup_{0 < t < \infty} \frac{\omega_r(t, \partial_m^\beta f \circ \varphi_i^{-1}, Q_\delta)}{\Omega(t)}, \tag{1.10}$$

so ist dies im folgenden Satz enthalten[4].

Satz 2. *Besitzen* $\mathcal{U}$ *und* $\mathcal{V}$ *bezüglich* K *die Eigenschaft* (E), *dann ist*

$$\mathsf{Lip}^\varrho(\Omega, r, K, \mathcal{U}) = \mathsf{Lip}^\varrho(\Omega, r, K, \mathcal{V}) \qquad (r = 1, 2).$$

Geben wir $\mathsf{Lip}^\varrho(\Omega, r, K, \mathcal{U})$ *die Norm*

$$\|f\|_{\varrho,\Omega,r}^{\mathcal{U}} = \|f\|_\varrho^{\mathcal{U}} + |f\|_{\varrho,\Omega,r}^{\mathcal{U}}, \tag{1.11}$$

so wird $\mathsf{Lip}^\varrho(\Omega, r, K, \mathcal{U})$ *zu einem Banachraum, und es gibt positiven Konstanten* c_1, c_2 *mit*

$$c_1 \|f\|_{\varrho,\Omega,r}^{\mathcal{U}} \leqq \|f\|_{\varrho,\Omega,r}^{\mathcal{V}} \leqq c_2 \|f\|_{\varrho,\Omega,r}^{\mathcal{U}} \qquad (r = 1, 2). \tag{1.12}$$

Auf Grund dieses Satzes schreiben wir $\mathsf{Lip}^\varrho(\Omega, r, K) := \mathsf{Lip}^\varrho(\Omega, r, K, \mathcal{U})$ und erhalten mit Satz 1 und Definition 2 die

Folgerung. *Legt man die in* (1.2) *und* (1.11) *gegebenen Normen zugrunde, dann sind folgende Inklusionsabbildungen stetige Einbettungen*:

(i) $\mathsf{Lip}^\varrho(\Omega, r, K) \subset \mathsf{C}^\varrho(K)$ $\qquad (r = 1, 2)$;

[3] Für beliebige $r \in \mathbb{N}$ werden wir die Räume $\mathsf{Lip}^\varrho(\Omega, r, K, \mathcal{U})$ in einer anderen Arbeit untersuchen.

[4] $|f\|_{\varrho,\Omega,r}^{\mathcal{U}}$ ist eine Seminorm für f im Gegensatz zur Norm $\|f\|_{\varrho,\Omega,r}^{\mathcal{U}}$ (1.11).

(ii) *ist* $\Omega \in H_1$, *dann gilt*

$$C^{\varrho+1}(K) \subset \mathrm{Lip}^{\varrho}(\Omega, r, K) \subset C^{\varrho}(K) \qquad (r = 1, 2),$$

$$\mathrm{Lip}^{\varrho}(\Omega, 1, K) \subset \mathrm{Lip}^{\varrho}(\Omega, 2, K);$$

(iii) *ist* $\Omega_1(t) \leqq d\Omega_2(t)$, $d > 0$, *so folgt*

$$\mathrm{Lip}^{\varrho}(\Omega_1, r, K) \subset \mathrm{Lip}^{\varrho}(\Omega_2, r, K) \qquad (r = 1, 2).$$

Für $r = 1$ ergibt sich der Beweis dieses Satzes aus Ergebnissen von RAGOZIN [14], für $r = 2$ folgt er aus einer Reihe von Lemmata.

Das erste dieser Lemmata wird sich mit Stetigkeitsmoduln auf dem Würfel Q_δ befassen. Ist g auf einer offenen Teilmenge des $\mathbb{R}^m$ definiert, die den Würfel Q_δ enthält, so gibt uns die Inklusion eine Karte und damit eine lokale Gruppe von lokalen Transformationen. Wie in (1.8) definieren wir $\omega_r(t, g, Q_\delta)$, und es gilt

Lemma 1. *a)* $\omega_r(t, g, Q_\delta)$ *ist monoton wachsend in t und*

$$\omega_r(t, g, Q_\delta) \leqq 2^{r-\varrho}\omega_{r-\varrho}(t, g, Q_\delta) \qquad (\varrho \leqq r), \tag{1.13}$$

$$\omega_r(\lambda t, g, Q_\delta) \leqq (1 + \lambda)^r \omega_r(t, g, Q_\delta) \qquad (\lambda > 0), \tag{1.14}$$

$$\omega_r(\lambda t, g, Q_\delta) \leqq \lambda^r \omega_r(t, g, Q_\delta) \qquad (\lambda = [\lambda]).$$

Ist g ϱ*-mal stetig differenzierbar auf* Q_δ, $\varrho \leqq r$, *dann gilt*

$$\omega_r(t, g, Q_\delta) \leqq t^{\varrho} \sum_{|\beta| = \varrho} \frac{\varrho!}{\beta!}\, \omega_{r-\varrho}(t, \partial_m^{\beta} g, Q_\delta). \tag{1.15}$$

b) Zu vorgegebenem $\delta' < \delta$ *gibt es positive Konstanten* c_1, c_2, *die nicht von g abhängen, so daß für* $0 \leqq t \leqq (\delta - \delta')/2$

$$t\omega_1(t, g, Q_{\delta'}) \leqq c_1[t^2 \, \| g \|_{Q_\delta} + \omega_2(t, g, Q_\delta)] \tag{1.16}$$

$$\omega_1(t^2, g, Q_{\delta'}) \leqq c_2[t^2 \, \| g \|_{Q_\delta} + \omega_2(t, g, Q_\delta)]. \tag{1.17}$$

Beweis: Wir bemerken, daß zum Beweis von (1.14) die Identität (siehe [12], p. 47)

$$\Delta^r_{lh} g(x) = \sum_{k_1=0}^{l-1} \cdots \sum_{k_r=0}^{l-1} \Delta^r_h g(x + (k_1 + \cdots + k_r)\, h)$$

nützlich ist, und beschränken uns darauf, Teil b) zu beweisen. Der Beweis von b) ist ähnlich dem Beweis einer Ungleichung von MARCHAUD (siehe [18], p. 106). Da

$$\Delta^1_{2h} g(x) - 2\, \Delta^1_h g(x) = \Delta^2_h g(x),$$

haben wir für $x, x + 2h \in Q_\delta$ und $\| h \| \leqq t$

$$|\Delta^1_{2h} g(x) - 2\, \Delta^1_h g(x)| \leqq \omega_2(t, g, Q_\delta).$$

Ersetzen wir in dieser Ungleichung h durch $2^m h$ und multiplizieren sie mit $2^{-(m+1)}$, so erhalten wir nach Summation

$$|2^{-l}\Delta^1_{2^l h} g(x) - \Delta^1_h g(x)| \leqq (1/2) \sum_{m=0}^{l-1} 2^{-m}\omega_2(2^m t, g, Q_\delta) \tag{1.18}$$

für $x, x + 2^l h \in Q_\delta$ und $\| h \| \leqq t$. Die rechte Seite von (1.18) können wir durch $2t \int_t^{2^l t} u^{-2}\omega_2(u, g, Q_\delta)\, du$ abschätzen. Nun wählen wir l zu $0 < t < (\delta - \delta')/2$ so, daß

$(\delta-\delta')/4 \leqq 2^l t \leqq (\delta-\delta')/2$. Dann ist $x + 2^l h \in Q_\delta$ für $x \in Q_{\delta'}$ und $\|h\| \leqq t$, und aus (1.18) folgt

$$\omega_1(t, g, Q_{\delta'}) \leqq \frac{8}{\delta-\delta'} t \|g\|_{Q_\delta} + 2t \int_t^{(\delta-\delta')/2} \frac{\omega_2(u, g, Q_\delta)}{u^2} du. \tag{1.19}$$

Nach (1.14) ist $\omega_2(u, g, Q_\delta) \leqq (1 + (u/t))^2 \omega_2(t, g, Q_\delta)$ und

$$t \int_t^{(\delta-\delta')/2} \left(\frac{1}{u} + \frac{1}{t}\right)^2 du \leqq \frac{2(\delta-\delta')}{t},$$

woraus (1.16) folgt.
Um (1.17) zu erhalten, beachten wir, daß

$$\int_{t^2}^{(\delta-\delta')/2} \frac{\omega_2(u, g, Q_\delta)}{u^2} du \leqq \frac{1-t}{t^2} \omega_2(t, g, Q_\delta) + \int_t^{(\delta-\delta')/2} \frac{\omega_2(u, g, Q_\delta)}{u^2} du$$

$$\leqq \left[\frac{1-t}{t^2} + \frac{2(\delta-\delta')}{t^2}\right] \omega_2(t, g, Q_\delta).$$

Ersetzen wir also in (1.19) t durch t^2, dann folgt (1.17).

Da nach (1.14) $\omega_r(\delta, g, Q_\delta) \leqq 2^r \delta^r t^{-r} \omega_r(t, g, Q_\delta)$ für $0 < t \leqq \delta$, haben wir die

Folgerung. *Falls* $\omega_r(t, g, Q_\delta) \not\equiv 0$, *so ist* $\omega_r(t, g, Q_\delta) \in H_r$ [5].

Zur Abschätzung der Differenz eines Produktes von Funktionen benötigen wir

Lemma 2. *Ist* $x \in Q_\delta$, *und besitzt* x *eine bezüglich* Q_δ *kompakte, konvexe Umgebung, dann gibt es eine Konstante* c *so, daß*

$$|\Delta_h^2(g_1 g_2)(x)| \leqq c[|\Delta_h^2 g_1(x)| + \|h\| \, |\Delta_h^1 g_1(x)| + \|h\|^2 |g_1(x)|], \tag{1.20}$$

falls g_2 *mit den Ableitungen bis zur zweiten Ordnung in dieser Umgebung beschränkt und* h *so gewählt ist, daß* $x + 2h$ *in dieser Umgebung enthalten ist.*

Beweis: Auf Grund der Identität

$$\Delta_h^2(g_1 g_2)(x) = g_2(x+2h) \Delta_h^2 g_1(x) + 2(\Delta_h^1 g_2(x+h))(\Delta_h^1 g_1(x)) + (\Delta_h^2 g_2(x)) g_1(x)$$

folgt die Aussage sofort nach dem Mittelwertsatz.

Lemma 3. *Besitzt* $\mathcal{U} = \{(U_i, \varphi_i);\ i \in I\}$ *bezüglich* K *die Eigenschaft* (E), *dann gibt es ein* $\eta > 0$, *so daß*

$$K \subset \bigcup_{i \in I} \varphi_i^{-1}(Q^0_{\delta-2\eta}).$$

Beweis: Ist die Aussage des Lemma falsch, dann gibt es eine positive Nullfolge $\{\eta_k\}_{k=1}^\infty$ und eine Folge $\{q_k\}_{k=1}^\infty \subset K$ mit

$$q_k \in \bigcup_{i \in I} \varphi_i^{-1}(Q^0_\delta) \quad \text{und} \quad q_k \notin \bigcup_{i \in I} \varphi_i^{-1}(Q^0_{\delta-2\eta_k}) \qquad (k \in \mathbb{N}). \tag{1.21}$$

Da die Menge $\{\varphi_i^{-1}(Q_\delta);\ i \in I\}$ eine endliche Überdeckung von K bildet, können wir $\}q_k\}_{k=1}^\infty \subset \varphi_i^{-1}(Q_\delta)$ für ein $i \in I$ annehmen. Sei $x_k = \varphi_i(q_k)$. Die Folge $\{x_k\}_{k=1}^\infty$ liegt

[5] Ist $\omega_r(t, g, Q_\delta) \equiv 0$, dann gibt es ein algebraisches Polynom P vom Grade $r-1$, so daß $P(x) = g(x)$ für $x \in Q_\delta$. Beweise für den 1-dimensionalen Fall sind in [7] oder [2, Kap. 10] zu finden.

ganz in der kompakten Menge $\varphi_i(K \cap \varphi_i^{-1}(Q_\delta))$ und hat dort einen Häufungspunkt x_0. Ohne Einschränkung der Allgemeinheit sei $x_0 = \lim_{k\to\infty} x_k$. Da $q_0 := \varphi_i^{-1}(x_0) \in K$, gibt es ein $i' \in I$ mit $\varphi_i(q_0) \in Q_\delta^0$. Wegen der Stetigkeit von $\varphi_{i'} \circ \varphi_i^{-1}$ folgt die Existenz eines $k' \in \mathbb{N}$, so daß für alle $k \geqq k'$

$$\|\varphi_{i'}(q_k)\| \leqq \|\varphi_{i'}(q_0)\| + (\delta - \|\varphi_{i'}(q_0)\|)/2 = \delta - (\delta - \|\varphi_{i'}(q_0)\|)/2.$$

Ist $2\,\eta_k < (\delta - \|\varphi_{i'}(q_0)\|)/2$, so ergibt sich $\|\varphi_{i'}(q_k)\| < \delta - 2\,\eta_k$ und damit der Widerspruch zu (1.21).

Bemerkung. *Besitzen* $\mathcal{U} = \{(U_i, \varphi_i);\ i \in I\}$ und $\mathcal{V} = \{(V_j, \psi_j);\ j \in J\}$ *bezüglich* K *die Eigenschaft* (E), *dann gibt es* η_1, η_2 *mit* $K \subset \bigcup_{i\in I} \varphi_i^{-1}(Q^0_{\delta-2\eta_1})$, $K \subset \bigcup_{j\in J} \psi_j^{-1}(Q^0_{\delta-2\eta_2})$.
Ohne Einschränkung können wir immer $\eta_1 = \eta_2$ *annehmen.*
Nun definieren wir zu ε und δ die Menge

$$B(x, \varepsilon) = \{y \in Q_\delta;\ \|x - y\| \leqq \varepsilon,\ x \in Q_\delta\}.$$

Lemma 4. *Besitzen* $\mathcal{U} = \{(U_i, \varphi_i);\ i \in I\}$ *und* $\mathcal{V} = \{(V_j, \psi_j);\ j \in J\}$ *bezüglich* K *die Eigenschaft* (E), *dann gibt es zu* $\mathcal{U}$ *und* $\mathcal{V}$ *ein* $\varepsilon_0 > 0$ *mit folgender Eigenschaft:*

Zu jedem $x \in Q_\delta \cap \varphi_i(U_i \cap K)$ *existiert ein* $j \in J$ *(das von* x *und* i *abhängt), so daß*

$$\psi_j \circ \varphi_i^{-1}(B(x, \varepsilon_0)) \subset Q_{\delta-2\eta}.$$

Der Beweis dieses Lemma verläuft wie der Beweis von Lemma 3. Er soll deshalb entfallen.
Das nächste Lemma gibt mit (1.17) im wesentlichen den Beweis von Satz 2 im Spezialfall $\varrho = 0$.

Lemma 5. *Besitzen* $\mathcal{U} = \{(U_i, \varphi_i);\ i \in I\}$ *und* $\mathcal{V} = \{(V_j, \psi_j);\ j \in J\}$ *bezüglich* K *die Eigenschaft* (E), *dann gibt es zu* $\mathcal{U}$ *und* $\mathcal{V}$ *ein* $\varepsilon_1 > 0$, *so daß für alle* $i \in I$ *und* $0 \leqq t \leqq \varepsilon_1$ *folgt*

(1.22) $$\omega_2(t, f \circ \varphi_i^{-1}, Q_\delta) \leqq c \sum_{j\in J} [\omega_2(t, f \circ \psi_j^{-1}, Q_{\delta-\eta}) + \omega_1(t^2, f \circ \psi_j^{-1}, Q_{\delta-\eta})].$$

Beweis: Es sei ε_0 wie in Lemma 4 gewählt und

(1.23) $$C_i(K, \varepsilon_0/2) = \{x \in Q_\delta;\ \|z - x\| \leqq \varepsilon_0/2,\ z \in \varphi_i(U_i \cap K) \cap Q_\delta\}$$

die abgeschlossene Hülle aller Punkte aus Q_δ, die von einem Bildpunkt von $U_i \cap K$ einen kleineren Abstand als $\varepsilon_0/2$ besitzen. Ist $x \in C_i(K, \varepsilon_0/2)$ und $\|h\| \leqq \varepsilon_0/4$, dann gibt es nach Lemma 4 ein j, so daß aus x, $x + 2\,h \in Q_\delta$ folgt

(1.24) $$\psi_j \circ \varphi_i^{-1}(x + \sigma h) \in Q_{\delta-2\eta}, \qquad 0 \leqq \sigma \leqq 2.$$

Sei $\Phi^{ji} = \psi_j \circ \varphi_i^{-1}$, $\Phi^{ji}(x) = (\Phi_1^{ji}(x), \ldots, \Phi_m^{ji}(x))$, dann ist

$$\Delta_h^2 f \circ \varphi_i^{-1}(x) = \Delta_h^2 f \circ \psi_j^{-1} \circ \Phi^{ji}(x).$$

Setzen wir $\Phi^{ji}(x) = y$, so gilt nach der Dreiecksungleichung für beliebiges h^*

$$|\Delta_h^2 f \circ \varphi_i^{-1}(x)| \leqq |\Delta_{h^*}^2 f \circ \psi_j^{-1}(y)| + \sum_{k=0}^{2} \binom{2}{k} |f \circ \psi_j^{-1} \circ \Phi^{ji}(x + kh) - f \circ \psi_j^{-1}(y + kh^*)|.$$
(1.25)

Wählt man $h^* = \sum_{l=1}^{m} [\sum_{|\beta|=1} h^\beta \partial_m^\beta \Phi_l^{ji}(x)]\, e^l$, und setzt $\varphi_i(\varphi_i^{-1}(Q_\delta) \cap \psi_j^{-1}(Q_\delta)) = Q_\delta^{ij}$, so erhält man

$$\|h^*\| \leqq \|h\| \sum_{l=1}^{m} \sum_{|\beta|=1} \|\partial_m^\beta \Phi_l^{ji}\|_{Q_\delta^{ij}},$$

und aus der Taylorformel folgt

$$\|\Phi^{ji}(x+kh)-(y+kh^*)\| \leqq 4\,\|h\|^2 \sum_{l=1}^{m} \sum_{|\beta|=2} \frac{2!}{\beta!} \|\partial_m^\beta \Phi_l^{ji}\|_{Q_\delta^{ij}}.$$

Ist nun

$$c_1 = \max_{i,j} \sum_{l=1}^{m} \sum_{|\beta|=1} \|\partial_m^\beta \Phi_l^{ji}\|_{Q_\delta^{ij}}$$

und $\|h\| \leqq \min(\varepsilon_0/4, \eta/c_1) = \varepsilon_1$, so folgt $y + 2h^* \in \mathcal{Q}_{\delta-\eta}$, und es gilt nach (1.14), (1.24) und (1.25) für $x \in C_i(K, \varepsilon_0/2)$, $x + 2h \in \mathcal{Q}_\delta$, $\|h\| \leqq t \leqq \varepsilon_1$

$$|\Delta_h^2 f \circ \varphi_i^{-1}(x)| \leqq (1+c_1)^2\, \omega_2(t, f\circ\psi_j^{-1}, \mathcal{Q}_{\delta-\eta}) + c_2\omega_1(t^2, f\circ\psi_j^{-1}, \mathcal{Q}_{\delta-\eta}),$$

wobei

$$c_2 = 4 \max_{i,j} \sum_{l=1}^{m} \sum_{|\beta|=2} \frac{2!}{\beta!} \|\partial_m^\beta \Phi^{ji}\|_{Q_\delta^{ij}}.$$

Setzt man $c = \max((1+c_1)^2, c_2)$, so ist (1.22) bewiesen, wenn man berücksichtigt, daß für $x \notin C_i(K, \varepsilon_0/2)$ und $\|h\| \leqq \varepsilon_0/4$ die linke Seite von (1.25) verschwindet.

Beweis zu Satz 2. Wegen Satz 1 genügt es, eine Konstante c_3 anzugeben, so daß

$$c_3\, |f\|_{\varrho,\Omega,2}^{\mathscr{U}} \leqq \|f\|_{\varrho,\Omega,2}^{\mathscr{V}}. \tag{1.26}$$

Nach der Kettenregel für die Differentiation von zusammengesetzten Funktionen gilt für beliebiges $j \in J$

$$\partial_m^\beta f \circ \varphi_i^{-1}(x) = \sum_{|\gamma| \leqq \varrho} a_\gamma^{ij}(x)\,[\partial_m^\gamma f \circ \psi_j^{-1}] \circ \Phi^{ji}(x)$$

auf dem Gebiet $\varphi_i(U_i \cap V_j)$. Die Funktionen $a_\gamma^{ji}(x)$ sind mit ihren Ableitungen auf der Menge $\varphi_i(\varphi_i^{-1}(\mathcal{Q}_\delta) \cap \psi_j^{-1}(\mathcal{Q}_\delta))$ beschränkt. Wählen wir nach Lemma 4 zu $x \in C_i(K, \varepsilon_0/2)$ ein $j \in J$ [vgl. (1.23), (1.24)], dann schließen wir mit Lemma 2 auf

$$|\Delta_h^2(a_\gamma^{ji}[\partial_m^\gamma f\circ\psi_j^{-1}]\circ\Phi^{ji})(x)| \tag{1.27}$$

$$\leqq c_\gamma^{ji}[|\Delta_h^2[\partial_m^\gamma f\circ\psi_j^{-1}]\circ\Phi^{ji}(x)| + \|h\|\,|\Delta_h^1[\partial_m^\gamma f\circ\psi_j^{-1}]\circ\Phi^{ji}(x)| + \|h\|^2\,|[\partial_m^\gamma f\circ\psi_j^{-1}]\circ\Phi^{ji}(x)|]$$

für kleines $\|h\|$.

Nach Lemma 5 und (1.17) ist für $\|h\| \leqq t \leqq \varepsilon_1$

$$|\Delta_h^2[\partial_m^\gamma f\circ\psi_j^{-1}]\circ\Phi^{ji}(x)| \leqq c_4 \sum_{j\in J} [\omega_2(t, \partial_m^\gamma f\circ\psi_j^{-1}, \mathcal{Q}_\delta) + t^2\,\|\partial_m^\gamma f\circ\psi_j^{-1}\|_{Q_\delta}].$$

Nach der Taylorformel folgt $\Phi^{ji}(x+h) = \Phi^{ji}(x) + h^*(\xi)$, wobei

$$h^*(\xi) = \sum_{l=1}^{m} [\sum_{|\beta|=1} h^\beta \partial_m^\beta \Phi_l^{ji}(x+\xi h)]\, e^l, \qquad 0 < \xi < 1.$$

Daraus ergibt sich

$$|\Delta_h^1[\partial_m^\gamma f\circ\psi_j^{-1}]\circ\Phi^{ji}(x)| \leqq \omega_1(\|h^*(\xi)\|, \partial_m^\gamma f\circ\psi_j^{-1}, \mathcal{Q}_{\delta-\eta})$$

$$\leqq \sum_{l=1}^{m} \sum_{|\beta|=1} \|\partial_m^\beta \Phi_l^{ji}\|_{Q_\delta^{ij}}\, \omega_1(t, \partial_m^\gamma f\circ\psi_j^{-1}, \mathcal{Q}_{\delta-\eta}).$$

Nun bilden wir das Maximum über alle $i \in I$, $j \in J$, $|\gamma| \leqq \varrho$ und erhalten mit (1.13), (1.15) und (1.16) aus (1.27)

$$|\Delta_h^2 \partial_m^\beta f \circ \varphi_i^{-1}(x)| \leqq c_5 [\sum_{j \in J} \sum_{|\gamma| = \varrho} \omega_2(t, \partial_m^\gamma f \circ \psi_j^{-1}, Q_\delta) + t^2 \| f \|_\varrho^{\mathscr{V}}] \qquad (|\beta| = \varrho).$$

Da $t^2 \leqq d_{\Omega,2}^{-1} \Omega(t)$, folgt daraus

$$\omega_2(t, \partial_m^\beta f \circ \varphi_i^{-1}, Q_\delta) \leqq c_6 \| f \|_{\varrho,\Omega,2}^{\mathscr{V}} \Omega(t),$$

womit (1.26) und demnach die linke Hälfte der Ungleichung (1.12) bewiesen ist. Die rechte Hälfte folgt ebenso. Die Beweise der anderen Aussagen von Satz 2 ergeben sich dadurch, daß man die auf Q_δ definierten Funktionen $f \circ \varphi_i^{-1}$ betrachtet und für diese die Aussagen verifiziert. (Siehe z. B. [12], p. 50.)

Bemerkung. *Besitzt $\mathscr{U} = \{(U_i, \varphi_i);\ i \in I\}$ die Eigenschaft* (E) *bezüglich K, dann besitzt $\mathscr{V} = \{(V_i, \psi_i);\ i \in I\}$ mit $V_i = U_i$ und $\psi_i = \delta\varphi_i$, die Eigenschaft* (E) *mit Q_1. Da ferner $\omega_r(t, f \circ \psi_i^{-1}, Q_1) \leqq (1+\delta)^r \omega_r(t, f \circ \varphi_i^{-1}, Q_\delta)$ und $\omega_r(t, f \circ \varphi_i^{-1}, Q_\delta) \leqq (1+\delta^{-1})^r \omega_r(t, f \circ \circ \psi_i^{-1}, Q_1)$, sind nach Satz 2 die Lipschitzräume auch unabhängig von dem in Eigenschaft* (E) *auftretenden, speziellen δ.*

1.4 Fortsetzung von Funktionen mit Lipschitzbedingungen

In diesem Abschnitt soll das Problem der Fortsetzung von Funktionen von einer Untermannigfaltigkeit auf die ganze Mannigfaltigkeit behandelt werden. Bevor wir den Hauptsatz formulieren, sollen jedoch alle Begriffe (vgl. [8]) geklärt werden.

Sind M und N Mannigfaltigkeiten, und ist Φ eine Abbildung von M in N, dann heißt Φ differenzierbar, wenn die Abbildung $\psi \circ \Phi \circ \varphi^{-1}$ für beliebige Karten (U, φ) und (V, ψ) von M und N eine unendlich oft differenzierbare Abbildung von $\varphi(U) \subset \mathbb{R}^m$ in $\mathbb{R}^n$ ist. Besitzt die Abbildung $\psi \circ \Phi \circ \varphi^{-1}$ für beliebige Karten (U, φ) und (V, ψ) von M und N in jedem Punkt $x \in \psi(U)$, in dem sie erklärt ist, eine Funktionalmatrix von maximalem Rang, und bildet Φ die Mannigfaltigkeit M eineindeutig auf einen Teilraum von N ab, dann heißt Φ eine Einbettung von M in N. Ist $M \subset N$, so heißt M eine Untermannigfaltigkeit von N, wenn die Inklusionsabbildung eine Einbettung von M in N ist. Gilt für eine Einbettung Φ von M in N, daß $\Phi(M) = N$, dann heißt Φ ein Diffeomorphismus von M auf N.

Satz 3. *Ist M eine kompakte Untermannigfaltigkeit von N, dann gibt es eine kompakte Menge $K \subset N$, mit $M \subset K$, und eine lineare Abbildung T von $\mathsf{C}(M)$ in $\mathsf{C}(K)$, für die gilt*

(i) $\qquad T(f) \mid M = f \qquad (f \in \mathsf{C}(M)),$

(ii) $\qquad T \mid \mathsf{Lip}^\varrho(\Omega, r, M)$ *ist eine stetige, lineare Abbildung in* $\mathsf{Lip}^\varrho(\Omega, r, K) \qquad (r = 1, 2).$

Formulierung und Beweis dieses Satzes sind im wesentlichen eine Modifizierung der in [15] für den Fall $r = 1$ angestellten Überlegungen. Wir benützen zum Beweis folgende Version (siehe [13], p. 46) eines Satzes über Tubenabbildungen.

Lemma 6. *Ist M eine kompakte Untermannigfaltigkeit von N, dann gibt es einen Diffeomorphismus Φ von $M \times \mathbb{R}^{n-m}$ auf eine offene Umgebung N_0 von M in N. Insbesondere kann Φ so gewählt werden, daß die Restriktion von Φ auf $M \times \{0\}$ ein Diffeomorphismus von $M \times \{0\}$ auf M ist.*

Ist $\mathscr{U} = \{(U_i, \varphi_i);\ i \in I\}$ ein Atlas für M, dann konstruieren wir einen Atlas für $M \times \times \mathbb{R}^{n-m}$. Wir setzen $\tilde{U_i} = U_i \times \mathbb{R}^{n-m}$, $\tilde{\varphi_i} = \varphi_i \times id_{n-m}$, wobei id_{n-m} die Identitätsabbildung von $\mathbb{R}^{n-m}$ ist und $(\varphi_i \times id_{n-m})(q,y) = (\varphi_{i,1}(q), \ldots, \varphi_{i,m}(q), y_1, \ldots, y_{n-m})$ für $(q,y) \in U_i^{\sim}$. Durch den Diffeomorphismus Φ aus Lemma 6 erhalten wir einen Atlas $\mathscr{V}$ von N_0, in dem wir

$$V_i = \Phi(U_i^{\sim}), \qquad \psi_i = \varphi_i^{\sim} \circ \Phi^{-1} \tag{1.28}$$

und $\mathscr{V} = \{(V_i, \psi_i);\ i \in I\}$ setzen.
Definieren wir für $f \in \mathbf{C}(M)$ die Abbildung

$$[T'f](q) = f \circ \pi_1 \circ \Phi^{-1}(q) \qquad (q \in N_0), \tag{1.29}$$

wobei π_1 die Projektion $\pi_1 : M \times \mathbb{R}^{n-m} \to M$ ist, dann ist $T'(f)$ eine lineare Abbildung von $\mathbf{C}(M)$ in $\mathbf{C}(N_0)$.
Um nun f von M auf ganz N fortzusetzen, wählen wir ein $\xi \in \mathbf{C}^\infty(N)$ mit $\xi(M) = 1$, $\operatorname{Trg} \xi \subset \Phi(M \times (Q_\delta^{n-m})^0)$ und definieren

$$Tf(q) = \begin{cases} \xi(q)\,(T'f)(q) & q \in N_0 \\ 0 & q \notin N_0. \end{cases} \tag{1.30}$$

Bezeichnen wir den Träger von ξ mit K, so ist Aussage (i) des Satzes 3 erfüllt, da $T(f)(q) = f(q)$ für alle $q \in M$. Zum Beweis von (ii) bemerken wir, daß $\mathscr{V}$ bezüglich K die Eigenschaft (E) besitzt, falls $\mathscr{U}$ diese Eigenschaft für M besitzt, da $\psi_i^{-1}(Q_\delta^{n^0}) = \Phi \circ \varphi_i^{\sim -1}(Q_\delta^{n^0}) = \Phi(\varphi_i^{-1}(Q_\delta^{m^0}) \times Q_\delta^{n-m^0})$, und $K \subset \Phi(M \times Q_\delta^{n-m^0}) = \bigcup_{i \in I} \Phi(\varphi_i^{-1} \cdot (Q_\delta^{m^0}) \times Q_\delta^{n-m^0})$. Wir müssen also die zusammengesetzte Funktion $(Tf) \circ \psi_i^{-1}$ auf Q_δ^n untersuchen. Aus (1.30) folgt nach der Leibnizregel

$$\partial_n^\beta (Tf) \circ \psi_i^{-1}(x) = \sum_{\gamma \leqq \beta} \binom{\beta}{\gamma} (\partial_n^{\beta-\gamma} \xi \circ \psi_i^{-1}(x))\, \partial_n^\gamma (T'f) \circ \psi_i^{-1}(x). \tag{1.31}$$

Definieren wir zu $x = (x_1, \ldots, x_m, x_{m+1}, \ldots, x_n) \in \mathbb{R}^n$ die Abbildungen $x' = (x_1, \ldots, x_m, 0, \ldots, 0)$ und $x'' = (x_1, \ldots, x_m)$, dann erhalten wir aus (1.29)

$$\partial_n^\gamma (T'f) \circ \psi_i^{-1}(x) = \begin{cases} \partial_n^{\gamma'} (T'f) \circ \psi_i^{-1}(x') = \partial_m^{\gamma''} f \circ \varphi_i^{-1}(x'') & (\gamma = \gamma') \\ 0 & (\gamma \neq \gamma') \end{cases} \tag{1.32}$$

und damit aus (1.31)

$$\| Tf \|_\varrho^{\mathscr{V}} \leqq c_\varrho \| f \|_\varrho^{\mathscr{U}}, \tag{1.33}$$

da $\partial_n^{\beta-\gamma'} \xi \circ \psi_i^{-1}$ auf Q_δ^n beschränkt ist. Nach Lemma 1 und Lemma 2 können wir weiter auf die Existenz einer Konstanten $c_{i,\beta,\gamma'}$ schließen, so daß für $t \leqq \eta$ (η ist nach Lemma 3 gewählt) nach (1.32)

$$\begin{aligned} &\omega_2(t, (\partial_n^{\beta-\gamma'} \xi \circ \psi_i^{-1})\, \partial_n^{\gamma'} (T'f) \circ \psi_i^{-1}, Q_{\delta-2\eta}^n) \\ &\leqq c_{i,\beta,\gamma'} [t^2 \| f \|_\varrho^{\mathscr{U}} + \sum_{|\beta_1| = \varrho} \omega_2(t, \partial_n^{\beta_1} (T'f) \circ \psi_i^{-1}, Q_\delta^n)] \\ &\leqq c_{i,\beta,\gamma'} [t^2 \| f \|_\varrho^{\mathscr{U}} + \sum_{|\beta_2| = \varrho} \omega_2(t, \partial_m^{\beta_2} f \circ \varphi_i^{-1}, Q_\delta^m)]. \end{aligned} \tag{1.34}$$

Berücksichtigen wir die Satz 2 folgende Bemerkung, so erhalten wir durch Summation über $\gamma' \leqq \beta$, $i \in I$ aus (1.31), (1.33) und (1.34)

$$\| Tf \|_{\varrho,\Omega,2}^{\mathscr{V}} \leqq c \| f \|_{\varrho,\Omega,2}^{\mathscr{U}}.$$

Der Fall $r = 1$ erfordert weniger Aufwand; der Beweis kann analog geführt werden.

2. Approximationstheorie auf Mannigfaltigkeiten

2.1 Direkte Sätze

Ausgehend von Approximationssätzen auf speziellen Mannigfaltigkeiten wollen wir nun Approximationssätze auf allgemeinen Mannigfaltigkeiten erhalten. Sehr bekannt (siehe [12] und [18]) ist die Approximation von stetigen Funktionen auf dem n-dimensionalen Torus $\mathbb{T}_n$ durch trigonometrische Polynome t_s vom Grade s, d. h. $t_s = t_s(x_1, \ldots, x_n)$ ist in den Variablen x_i ein trigonometrisches Polynom vom Grade $\leqq s_i$ und $s = \sum_{i=1}^{n} s_i$. Ist f eine auf $\mathbb{T}_n$ definierte Funktion, dann nimmt der r-te Stetigkeitsmodul von f die Gestalt

$$\omega_r(t, f, \mathbb{T}_n) = \sup_{\substack{\|h\| \leqq t \\ x, h \in \mathbb{T}_n}} \left| \sum_{k=0}^{r} (-1)^{r-k} \binom{r}{k} f(x + kh) \right|$$

an. Es gilt dann (siehe [10]) folgender Satz vom Jacksontyp:

Satz 4. *Ist $f \in C^\varrho(\mathbb{T}_n)$, dann gibt es ein trigonometrisches Polynom t_s vom Grade s, so daß*

$$\sup_{x \in \mathbb{T}_n} |f(x) - t_s(x)| \leqq c_\varrho (s+1)^{-\varrho} \sum_{|\beta| = \varrho} \omega_2(1/s + 1), \partial_n^\beta f, \mathbb{T}_n). \tag{2.1}$$

Ist f eine gerade Funktion, d. h. $f(x) = f(-x)$, dann kann t_s gerade gewählt werden.
Aus diesem Approximationssatz können wir folgenden Satz über die Approximation von stetigen Funktionen mit kompaktem Träger im Innern des Würfels Q_1^n ableiten.

Satz 5. *Ist K eine kompakte Menge in $(Q_1^n)^0$, und ist $g \in \mathrm{Lip}^\varrho(\Omega, 2, K)$, dann gibt es eine Konstante c_ϱ und ein algebraisches Polynom p_s vom Grade s, $p_s(x) = \sum_{|\beta| \leqq s} a_\beta x^\beta$, so daß*

$$\sup_{\|x\| < 1} |g(x) - p_s(x)| \leqq c_\varrho \|g\|_{\varrho, \Omega, 2} (s+1)^{-\varrho} \Omega(1/s + 1). \tag{2.2}$$

Hierbei ist $(U, \varphi) = ((Q_1^n)^0, id_n)$ eine Karte für $(Q_1^m)^0$, die die Eigenschaft (E) *bezüglich K für geeignetes δ besitzt, und $\| g \|_{\varrho, \Omega, 2}$ die Norm bezüglich dieser Karte.*

Beweis: Ist g eine Funktion auf Q_1^n, so ist durch $f(y_1, \ldots, y_n) := g(\cos x_1, \ldots, \cos x_n)$ eine Funktion f auf $\mathbb{T}_n$ definiert. Nach der Kettenregel folgt

$$(\partial_n^\beta f)(y) = \sum_{|\gamma| \leqq \varrho} t_\gamma(y) (\partial_n^\gamma g)(\cos x_1, \ldots, \cos x_n),$$

wobei $t_\gamma(y)$ trigonometrische Polynome vom Grade $|\gamma|$ sind. Wie im Beweis zu Satz 2 zeigen wir

$$\sup_{0 < t < \infty} \frac{\omega_2(t, \partial_n^\beta f, \mathbb{T}_n)}{\Omega(t)} \leqq c_\beta \| g \|_{\varrho, \Omega, 2}.$$

Damit folgt aus (2.1) die Aussage (2.2), da f eine gerade Funktion auf $\mathbb{T}_n$ ist.
Mit Satz 5 erhalten wir eine Verschärfung eines Satzes von RAGOZIN, den er wegen seiner schwächeren Version der Satz 2 und Satz 3 entsprechenden Sätze nur für Funktionen aus $\mathrm{Lip}^\varrho(\Omega, 1, M)$ beweisen konnte.

Satz 6. *Ist M eine kompakte Untermannigfaltigkeit von $(Q_1^n)^0$, dann gibt es zu jedem $f \in \in \mathrm{Lip}^\varrho(\Omega, 2, M)$ und $\mathcal{U}$, das bezüglich M die Eigenschaft* (E) *besitzt, ein algebraisches Polynom p_s vom Grade s, so daß*

$$\sup_{q \in M} |f(q) - p_s(q)| \leqq c_\varrho(\mathcal{U}) \|f\|^{\mathcal{U}}_{\varrho, \Omega, 2} (s+1)^{-\varrho} \Omega(1/s+1). \tag{2.3}$$

Beweis: Nach Satz 3 gibt es eine Fortsetzung Tf von f auf $(Q_1^n)^0$, und nach Satz 5 gibt es zu dieser Fortsetzung ein algebraisches Polynom p_s vom Grade s, so daß

$$\sup_{x \in M} |(Tf)(x) - p_s(x)| \leqq \sup_{\|x\| < 1} |Tf(x) - p_s(x)| \leqq c_\varrho \|Tf\|_{\varrho, \Omega, 2} (s+1)^{-\varrho} \Omega(1/s+1).$$

Für $x \in M$ ist aber $Tf(x) = f(x)$, und nach Satz 3 folgt (2.3).

Ist M eine beliebige, kompakte Mannigfaltigkeit, dann verschaffen wir uns ein System von approximierenden Funktionen, indem wir sie nach einem Satz von H. Whitney ([19], p. 113) in das Innere eines Würfels Q_1^n einbetten. Ist Φ eine solche Einbettung, dann gilt für jedes algebraische Polynom p_s vom Grade s, daß $(p_s \mid \Phi(M)) \circ \Phi \in \mathrm{C}^\infty(M)$. Sei $\mathrm{P}_s = \{P_s;\, P_s = (p_s \mid \Phi(M) \circ \Phi, p_s$ algebr. Polynom vom Grade $\leqq s$ auf $Q_1^n\}$. Mit Satz 6 folgt dann

Satz 7. *Ist $f \in \mathrm{Lip}^\varrho(\Omega, 2, M)$, dann gibt es ein $P_s \in \mathrm{P}_s$ und eine Konstante $c_\varrho(\mathcal{U}, \Phi)$, so daß*

$$\sup_{q \in M} |f(q) - P_s(q)| \leqq c_\varrho(\mathcal{U}, \Phi) \|f\|^{\mathcal{U}}_{\varrho, \Omega, 2} (s+1)^{-\varrho} \Omega(1/s+1) \tag{2.4}$$

für jedes $\mathcal{U}$, das bezüglich M die Eigenschaft (E) *besitzt.*

Beweis: Wir berücksichtigen, daß für $P_s \in \mathrm{P}_s$

$$\sup_{q \in M} |f(q) - P_s(q)| = \sup_{x \in \Phi(M)} |f \circ \Phi^{-1}(x) - P_s \circ \Phi^{-1}(x)|$$

und wenden Satz 6 an.

Allgemein können wir die Situation in Satz 4 bis Satz 7 wie folgt abstrahieren:

Auf einer kompakten Mannigfaltigkeit M sei eine Menge $\mathrm{P} \subset \mathrm{C}^\infty(M)$ mit folgenden Eigenschaften gegeben:

(P₁) $\mathrm{P} = \bigcup_{s \in \mathbb{N}} \mathrm{P}_s$, P_s ist ein endlichdimensionaler Teilraum von $\mathrm{C}^\infty(M)$;

(P₂) P_0 ist der Raum aller Konstanten auf M und $\mathrm{P}_s \subset \mathrm{P}_{s+1}$ $\quad (s \in \mathbb{N})$.

Definiert man die beste Approximation von f durch Elemente von P_s auf der Mannigfaltigkeit mit

$$E_s(f) = \inf_{P_s \in \mathrm{P}_s} \|f - P_s\|_M \quad {}^{6},$$

dann veranlaßt Satz 4 zu

Definition 3. *Genügt eine Menge $\mathrm{P} \subset \mathrm{C}^\infty(M)$ den Axiomen* (P₁) *und* (P₂), *so nennen wir das Paar (M, P) ein Jackson-System, falls gilt*

$$E_s(f) \leqq c_\varrho(\mathcal{U}) (s+1)^{-\varrho} \|f\|^{\mathcal{U}}_\varrho \qquad (f \in \mathrm{C}^\varrho(M), \varrho \in \mathbb{N}) \tag{J}$$

für ein $\mathcal{U}$, das bezüglich M die Eigenschaft (E) *besitzt.*

[6] Aus der allgemeinen Theorie kennen wir wegen (P_1) die Existenz eines $P_s(f) \in \mathrm{P}_s$ mit $\|f - P_s(f)\| = E_s(f)$.

Satz 8. *Es sei* (M, P) *ein Jackson-System und* $\Omega \in H_2$. *Ist* $f \in \mathsf{Lip}^{\varrho}(\Omega, 2, M)$, *dann gibt es eine Konstante* $c_{\varrho}(\mathscr{U}, \Omega)$ *mit*

$$E_s(f) \leqq c_{\varrho}(\mathscr{U}, \Omega) \, \| f \|^{\mathscr{U}}_{\varrho, \Omega, 2} (s+1)^{-\varrho} \Omega(1/s+1). \tag{2.5}$$

Zum Beweis dieses Satzes benötigen wir ein Ergebnis über gemischte partielle Stetigkeitsmodule auf dem Würfel in $\mathbb{R}^m$.

Lemma 7: *Ist* g *stetig auf* Q_δ *und ist*

$$\begin{aligned} \omega_{l,j}(\sigma, g, Q_\delta) = \sup \{ | \Delta^1_{ve^l} \Delta^1_{we^j} g(x) | ; \; x, \\ x + ve^l, x + we^j, x + ve^l + we^j \in Q_\delta, |v|, |w| \leqq \sigma \} \end{aligned} \tag{2.6}$$

ein gemischter partieller Stetigkeitsmodul von g *auf* Q_δ, *dann gilt*

$$\omega_{l,j}(\sigma, g, Q_\delta) \leqq 2 \, \omega_2(\sigma, g, Q_\delta) \tag{2.7}$$

Beweis: Auf Grund der Identität

$$\Delta^1_{ve^l} \Delta^1_{we^j} f(x) = \Delta^2_{\frac{ve^l + we^l}{2}} f(x) - \Delta^2_{\frac{ve^j - we^j}{2}} f(x + we^j) \tag{2.8}$$

ergibt sich unmittelbar (2.7).

Beweis zu Satz 8. Wir konstruieren eine Hilfsfunktion $f_\sigma \in \mathsf{C}^{\varrho+2}(M)$, für die folgende zwei Ungleichungen erfüllt sind:

$$\| f - f_\sigma \|_M \leqq c_1 (s+1)^{-\varrho} \Omega(1/s+1) \, \| f \|^{\mathscr{U}}_{\varrho, \Omega, 2}, \tag{2.9}$$

$$\| f_\sigma \|^{\mathscr{U}}_{\varrho+2} \leqq c_2 (s+1)^2 \Omega(1/s+1) \, \| f \|^{\mathscr{U}}_{\varrho, \Omega, 2}. \tag{2.10}$$

Haben wir eine solche Funktion gefunden, dann gilt auf Grund der Dreiecksungleichung und (J)

$$\begin{aligned} E_s(f) &\leqq \| f - f_\sigma \|_M + c_{\varrho} (s+1)^{-(\varrho+2)} \, \| f_\sigma \|^{\mathscr{U}}_{\varrho+2} \\ &\leqq \max(c_1, c_2) (s+1)^{-\varrho} \Omega(1/s+1) \, \| f \|^{\mathscr{U}}_{\varrho, \Omega, 2}, \end{aligned}$$

womit der Satz bewiesen wäre.

Ist $\mathscr{U}$ eine Menge von Karten, die bezüglich M die Eigenschaft (E) besitzt, dann kann man nach Lemma 3 zu $\delta > 0$ ein $\eta > 0$ finden, so daß aus $M \subset \bigcup_{i \in I} \varphi_i^{-1}(Q^0_\delta)$ sogar $M \subset \bigcup_{i \in I} \varphi_i^{-1}(Q^0_{\delta - 2\eta})$ folgt. Ohne Einschränkung der Allgemeinheit können wir nach der Satz 2 folgenden Bemerkung $\delta - 2\eta = 1$ setzen und $0 < \eta \leqq 1$ annehmen.

Zur Konstruktion von f_σ wählen wir zunächst eine Teilung der Eins $1 = \sum_{i \in I} \xi_i(q)$ auf M, wobei $\xi_i \geqq 0$, $\xi_i \in \mathsf{C}^\infty(M)$ und $\mathrm{Trg}\, \xi_i \subset \varphi_i^{-1}(Q^0_1)$. Mit $r = \varrho + 2$ und $0 \leqq r^2 \sigma \leqq \eta$ definieren wir für $x \in Q^0_1$

$$g_{\sigma,i}(x) = \sigma^{-mr} \int_0^\sigma \ldots \int_0^\sigma \sum_{k=1}^{r} (-1)^k \binom{r}{k} f \circ \varphi_i^{-1} \Big(x + k \sum_{j=1}^{m} \sum_{l=1}^{r} \sigma_{jl} e^j\Big) \, d\sigma_{11} \ldots d\sigma_{mr}. \tag{2.11}$$

Nun sei $f_i = \xi_i f$, $f_{\sigma,i} = \xi_i (g_{\sigma,i} \circ \varphi_i)$ und $f_\sigma = \sum_{i \in I} f_{\sigma,i}$. Nach der Dreiecksungleichung und (2.11) folgt

$$\| f - f_\sigma \|_M \leqq \sum_{i \in I} \| f_i - f_{\sigma,i} \|_M \leqq \sum_{i \in I} \| (f \circ \varphi_i^{-1} - g_{\sigma,i}) \, \xi_i \circ \varphi_i^{-1} \|_{Q_1}.$$

Nach (2.11) und (1.15) haben wir

$$\| (f \circ \varphi_i^{-1} - g_{\sigma,i}) \xi_i \circ \varphi_i^{-1} \|_{Q_1} \leqq r^r \omega_r(\sigma, f \circ \varphi_i^{-1}, \mathcal{Q}_{1+2\eta}),$$

und demnach mit (1.16)

$$\| f - f_\sigma \|_M \leqq c_1 \sigma^\varrho \Omega(\sigma) \| f \|^{\mathcal{U}}_{\varrho, \Omega, 2}. \tag{2.12}$$

Nun berechnen wir nach der Leibnizregel die Ableitungen von $f_{\sigma,i} \circ \varphi_i^{-1}$ und erhalten

$$\partial_m^\beta [f_{\sigma,i} \circ \varphi_i^{-1}](x) = \sum_{\gamma \leqq \beta} \binom{\beta}{\gamma} (\partial_m^{\beta-\gamma} \xi_i \circ \varphi_i^{-1}(x)) \, \partial_m^\gamma g_{\sigma,i}(x). \tag{2.13}$$

Ist $|\gamma| \leqq \varrho$, dann haben wir nach (2.11)

$$|\partial_m^\gamma g_{\sigma,i}(x)| \leqq 2^r \| \partial_m^\gamma f \circ \varphi_i^{-1} \|_{Q_{1+2\eta}}. \tag{2.14}$$

Für $|\gamma| > \varrho$ setzen wir $\gamma = \gamma_1 + \gamma_2$ mit $|\gamma_1| = \varrho$.
Im Falle $\gamma_2 = e^l$ erhalten wir für $\| x \| < 1$ aus (2.11) und (1.16)

$$\begin{aligned} |\partial_m^\gamma g_{\sigma,i}(x)| &\leqq 2^r r \sigma^{-1} \omega_1(\sigma, \partial_m^{\gamma_1} f \circ \varphi_i^{-1}, \mathcal{Q}_{1+\eta}) \\ &\leqq c_3 [\| \partial_m^{\gamma_1} f \circ \varphi_i^{-1} \|_{Q_{1+2\eta}} + \sigma^{-2} \omega_2(\sigma, \partial_m^{\gamma_1} f \circ \varphi_i^{-1}, \mathcal{Q}_{1+2\eta})]. \end{aligned} \tag{2.15}$$

Für $\gamma_2 = e^l + e^j$ folgt aus (2.11)

$$|\partial_m^\gamma g_{\sigma,i}(x)| \leqq 2^r \sigma^{-2} \omega_{l,j}(r\sigma, \partial_m^{\gamma_1} f \circ \varphi_i^{-1}, \mathcal{Q}_{1+\eta/2}). \tag{2.16}$$

Damit folgt aus (2.13)–(2.16) und Lemma 7

$$\begin{aligned} \sum_{|\beta| \leqq \varrho+2} \| \partial_m^\beta f_{\sigma,i} \circ \varphi_i^{-1} \|_{Q_1} &\leqq c_4 \Bigg[\sum_{|\beta| \leqq \varrho} \| \partial_m^\beta f \circ \varphi_i^{-1} \|_{Q_{1+2\eta}} \\ &\quad + \sum_{|\beta| = \varrho} \sup_{0<t<\infty} \frac{\omega_2(t, \partial_m^\beta f \circ \varphi_i)}{\Omega(t)} \Bigg] \sigma^{-2} \Omega(\sigma) \\ &\leqq c_4 \sigma^{-2} \Omega(\sigma) \| f \|^{\mathcal{U}}_{\varrho, \Omega, 2}. \end{aligned}$$

Da jedoch der Träger von $f_{\sigma,i}$ kompakt und in $\varphi_i^{-1}(\mathcal{Q}_1)$ enthalten ist, können wir aus Satz 1 schließen

$$\| f_{\sigma,i} \|^{\mathcal{U}}_{\varrho+2} \leqq c_5 \sigma^{-2} \Omega(\sigma) \| f \|^{\mathcal{U}}_{\varrho, \Omega, 2}.$$

Nun wählen wir $\sigma = (s+1)^{-1}$ und erhalten

$$\| f_\sigma \|^{\mathcal{U}}_{\varrho+2} \leqq \sum_{i \in I} \| f_{\sigma,i} \|^{\mathcal{U}}_{\varrho+2} \leqq c_5 (s+1)^2 \Omega(1/s+1) \| f \|^{\mathcal{U}}_{\varrho, \Omega, 2},$$

woraus (2.10) folgt.

2.2 Umkehrsätze

Wir wollen nun entsprechend dem klassischen Satz von Bernstein einen Umkehrsatz für die beste Approximation auf kompakten Mannigfaltigkeiten angeben.

Definition 4. *Es sei M eine kompakte Mannigfaltigkeit mit einer Familie $\mathsf{P} \subset C^\infty(M)$, die den Axiomen* (P₁) *und* (P₂) *genügt, und $\mathfrak{B}$ einer Menge aus $\mathfrak{D}(M)$. $(M, \mathsf{P}, \mathfrak{B})$ heißt ein Bernsteinsystem, wenn folgende Bedingungen erfüllt sind:*

(B$_1$) *Es gibt eine Konstante d_k, so daß für beliebige $D_1, \ldots, D_k \in \mathfrak{B}$ und $P \in \mathsf{P}_s$ gilt*

$$\| D_1 \ldots D_k P \|_M \leqq d_k (s+1)^k \| P \|_M \qquad (k \in \mathbb{N}),$$

(B$_2$) *zu jedem $q \in M$ gibt es eine Karte (U, φ) mit $q \in U$ und $D_1, \ldots, D_m \in \mathfrak{B}$, so daß*

$$\partial_m^\beta g(x) = \sum_{i=1}^{m} a_i(x) \, [D_i g \circ \varphi^{-1}] \, (\varphi(q)) \qquad (|\beta| = 1)$$

für alle $g \in \mathsf{C}^\infty(\varphi(u)$ und $x = \varphi(q)$.

Wir bemerken, daß gerade die Bedingung (B$_2$) es ermöglicht, aus der globalen Eigenschaft (B$_1$) eine lokale herzuleiten. In der Tat, ist (U_i, φ_i) eine Karte aus $\mathcal{U}$, die (B$_2$) erfüllt, und $P_s \in \mathsf{P}_s$, so folgt die lokale Bernsteinungleichung

$$\| \partial_m^\beta \, P_s \circ \varphi_i^{-1} \|_{Q_\delta} \leqq d'_\varrho (s+1)^\varrho \, \| P_s \|_M \qquad (|\beta| = \varrho).$$

Mit dieser Ungleichung und den auf $f \circ \varphi_i^{-1}$ angewandten Beweismethoden (vgl. auch [12], p. 50, und Lemma 7) ergibt sich folgender Satz vom Bernsteinschen Typ.

Satz 9. *Es sei $(M, \mathsf{P}, \mathfrak{B})$ ein Bernsteinsystem. Ist Ω eine stetige, monoton wachsende Funktion, mit*

$$\int_0^t \frac{\Omega(u)}{u} \, du < \infty \qquad (0 < t \leqq 1), \tag{2.17}$$

dann folgt aus

$$E_s(f) \leqq (s+1)^{-\varrho} \, \Omega(1/s+1), \tag{2.18}$$

daß $f \in \mathsf{C}^\varrho(M)$. Besitzt $\mathcal{U}$ bezüglich M die Eigenschaft (E), *und erfüllt jede Karte (U_i, φ_i) aus $\mathcal{U}$ die Bedingung* (B$_2$), *so gilt für $0 < t \leqq 1$*

$$\begin{aligned} \omega_2(t, \partial_m^\beta f \circ \varphi_i^{-1}, Q_\delta) &\leqq c_1 \left[\int_0^t \frac{\Omega(u)}{u} \, du + t^2 \int_t^1 \frac{\Omega(u)}{u^3} \, du + t^2 \Omega(1) \right], \\ \omega_1(t, \partial_m^\beta f \circ \varphi_i^{-1}, Q_\delta) &\leqq c_2 \left[\int_0^t \frac{\Omega(u)}{u} \, du + t \int_t^1 \frac{\Omega(u)}{u^2} \, du + t\Omega(1) \right]. \end{aligned} \tag{2.19}$$

Folgerung. *Ist unter den Voraussetzungen von Satz 9 $\Omega(t) = c L_\alpha(t)$, dann folgt aus* (2.18)

$$f \in \mathsf{Lip}^{[\alpha]}(L_{\alpha-[\alpha]}, 1, M) \qquad \alpha \neq [\alpha]$$

und

$$f \in \mathsf{Lip}^{[\alpha]-1}(L_{\alpha+1-[\alpha]}, 2, M) \qquad \alpha \geqq 1.$$

Dies ergibt sich sofort aus Satz 9 und Satz 2.

Die Bernstein-Systeme enthalten auch die von Ragozin ([14] und [15]) untersuchten Mannigfaltigkeiten mit den dort gewählten, speziellen Systemen von approximierenden Funktionen. Er zeigt, daß für diese eine Ungleichung vom Typ (B$_1$) erfüllt ist; (B$_2$) gilt dort trivialerweise.

Definition 5. *Ist $(M, \mathsf{P}, \mathfrak{B})$ ein Bernstein-System derart, daß (M, P) ein Jackson-System ist, dann heiße $(M, \mathsf{P}, \mathfrak{B})$ ein Jackson-Bernstein-System.*

Ist (M, P) ein Jackson-System, so folgt aus Satz 8

$$\lim_{s \to \infty} E_s(f) = 0 \quad \text{für alle} \quad f \in \mathsf{C}(M). \tag{W}$$

Der folgende Satz enthält Sätze vom Zamanskyschen und Stečkinschen Typ mit ihren Umkehrungen (in den klassischen Räumen siehe hierzu [3], [4], [5], [10] und [16]). Setzen wir

$$\mathsf{E}_\alpha = \{f \in \mathsf{C}(M);\ E_s(f) = O(s^{-\alpha})\}$$

dann gilt

Satz 10. *Ist* $(M, \mathsf{P}, \mathfrak{B})$ *ein Jackson-Bernstein-System, so sind die folgenden Ausdrücke äquivalente Normen für* E_α:

(i) $$\|f\|_M + \sup_{s\in\mathbb{N}} (s+1)^\alpha E_s(f);$$

(ii) $$\|f\|_M + \sup_{s\in\mathbb{N}} (s+1)^{\alpha+1-[\alpha]} \|f - P_s(f)\|^{\mathscr{U}}_{[\alpha]-1} \qquad (\alpha \geqq 1)$$

$$\|f\|_M + \sup_{s\in\mathbb{N}} (s+1)^{\alpha-[\alpha]} \|f - P_s(f)\|^{\mathscr{U}}_{[\alpha]} \qquad (\alpha \neq [\alpha]);$$

(iii) $$\|f\|_M + \sup_{s\in\mathbb{N}} (s+1)^{\alpha-\varrho} \|P_s(f)\|^{\mathscr{U}}_{\varrho} \qquad (\varrho > \alpha);$$

(iv) $$\|f\|^{\mathscr{U}}_{[\alpha]-1, L_{(\alpha+1-[\alpha]), 2}} \qquad (\alpha \geqq 1)$$

$$\|f\|^{\mathscr{U}}_{[\alpha], L_{\alpha-[\alpha], 1}} \qquad (\alpha \neq [\alpha]).$$

Hierbei bedeute $P_s(f)$ *ein Element bester Approximation aus* P_s *zu* f.

Beweis: Auf Grund der Voraussetzungen, die wir an unser System gestellt haben, sind Jackson- und Bernstein-Ungleichungen erfüllt, und die Äquivalenz der Normen (i)–(iii) folgt aus allgemeinen Ergebnissen in [4]. Die Äquivalenz der Normen (i) und (iv) ergibt sich aus Satz 9 und Satz 8.

3. Anwendungen auf den Torus

Es sei $\mathbb{T}_m = \mathbb{R}^m/\mathbb{Z}^m$ der m-dimensionale Torus als Quotientenraum von $\mathbb{R}^m$ und $\mathbb{Z}^m$. Aus der Definition ergibt sich die Homöomorphie von $\mathbb{R}^m/\mathbb{Z}^m$ mit $\mathbb{R}/\mathbb{Z} \times \ldots \times \mathbb{R}/\mathbb{Z}$. Um die Überlegungen zu vereinfachen, betrachten wir den eindimensionalen Torus $\mathbb{R}/\mathbb{Z}$. Ist $[x]$ die Äquivalenzklasse mit dem Repräsentanten x, dann definieren wir

$$\begin{aligned}
U_1 &= \{[x];\ -1/4 < x < 1/4\}, &\varphi_1([x]) &= \sin 2\pi x,\\
U_2 &= \{[x];\ 1/4 < x < 3/4\}, &\varphi_2([x]) &= \sin 2\pi x,\\
U_3 &= \{[x];\ 0 < x < 1/2\}, &\varphi_3([x]) &= \cos 2\pi x,\\
U_4 &= \{[x];\ 1/2 < x < 1\}, &\varphi_4([x]) &= \cos 2\pi x.
\end{aligned}$$

Die zusammengesetzten Abbildungen

$$\varphi_i \circ \varphi_j^{-1} : \varphi_j(U_i \cap U_j) \to \varphi_i(U_i \cap U_j) \qquad (i, j = 1, \ldots, 4)$$

sind beliebig oft differenzierbar, und die Karten $\mathscr{U} = \{(U_i, \varphi_i);\ i = 1, \ldots, 4\}$ besitzen die Eigenschaft (E) bezüglich des kompakten Hausdorffraumes $\mathbb{T}$. Ist $f \in \mathsf{C}(\mathbb{T})$, dann definieren wir in (1.6)

$$\omega_2(t, f \circ \varphi_i, Q_\delta) = \sup_{\substack{x, x+2h \in Q_\delta \\ \|h\| \leqq t}} |\Delta_h^2 f \circ \varphi_i^{-1}(x)|.$$

Für die so definierte Norm auf $\mathsf{Lip}^\varrho(\Omega, 2, \mathbb{T})$ können wir wie in Satz 2 zeigen, daß sie äquivalent zu der bekannten Norm von $\mathsf{Lip}^\varrho(\Omega, 2, \mathbb{T})$ ist, die man erhält, wenn man $\mathbb{T}$ als Transformationsgruppe auf sich betrachtet. Um ein System von approximierenden Funktionen zu erhalten, betten wir $\mathbb{T}$ durch

$$\Phi([x]) = (\cos 2\pi x, \sin 2\pi x)$$

in $\mathbb{R}^2$ ein. Die Restriktionen der algebraischen Polynome vom Grade s auf die Mannigfaltigkeit geben uns die trigonometrischen Polynome

$$t([x]) = \sum_{j=0}^{s_1} \sum_{k=0}^{s_2} a_{jk}(\cos 2\pi x)^j (\sin 2\pi x)^k.$$

Durch einfaches Umformen erkennt man, daß dies ein trigonometrisches Polynom vom Grade $(s_1 + s_2)$ ist. Wenden wir nun Satz 7 an, so erhalten wir aus (2.4) mit

$$\mathsf{P}_s = \{t;\ t([x]) = p_{s_1, s_2}(\cos 2\pi x, \sin 2\pi x),\ s_1 + s_2 \leqq s\}$$

die Aussage

$$E_s(f) \leqq c_\varrho(\mathscr{U}, \Phi)\,(s+1)^{-\varrho}\,\Omega(1/s+1)\,\|f\|^{\mathscr{U}}_{\varrho, \Omega, 2}.$$

Demnach ist $(\mathbb{T}, \mathsf{P})$ ein Jackson-System.
Der Differentialoperator

$$Df([x]) = \lim_{\|h\| \to 0} \frac{f([x] + [h]) - f([x])}{h}$$

ist ein Vektorfeld auf $\mathbb{T}$, und die klassische Bernstein-Ungleichung (siehe [12]) macht $(\mathbb{T}, \mathsf{P}, D)$ zu einem Jackson-Bernstein-System. Deswegen ist für dieses System eine entsprechende Version von Satz 10 gültig. Sätze solchen Typs wurden in [3], [4], [5] und [16] untersucht.
Für $\mathbb{T}_m$ können wir diese Überlegungen analog durchführen. Wir erhalten wieder trigonometrische Polynome, wenn wir für $[x] = ([x_1], \ldots, [x_m])$ die Einbettung

$$\Phi([x]) = (\cos 2\pi x_1, \sin 2\pi x_1, \ldots, \cos 2\pi x_m, \sin 2\pi x_m)$$

in $\mathbb{R}^{2m}$ wählen. $\mathbb{T}_m$ wird mit diesen und den durch die partiellen Ableitungen gegebenen Vektorfeldern zu einem Jackson-Bernstein-System.
Zum Abschluß betonen wir, daß die in diesem Abschnitt erhaltenen Ergebnisse zwar schwächer sind als schon bekannte (und zum Teil aus diesen abgeleitet wurden, siehe Satz 4 und folgende), daß dies jedoch durch die Art der für $\mathbb{T}$ gewählten Einbettung Φ in $\mathbb{R}^2$ bedingt ist. Für andere Einbettungen würde man andere Systeme von approximierenden Funktionen, aber ähnliche Ergebnisse erhalten.
In einer weiteren Arbeit werden wir mit unseren Methoden die unitäre Gruppe $U(n)$ untersuchen.

Literaturverzeichnis

[1] Butzer, P. L. – H. Berens, Semigroups of Operators and Approximation. Springer, Berlin 1967.

[2] Butzer, P. L. – R. J. Nessel, Fourier Analysis and Approximation, Vol. I. Birkhäuser, Basel (im Druck).

[3] Butzer, P. L. – K. Scherer, Approximationsprozesse und Interpolationsmethoden. BI-Hochschulskripten, Mannheim–Zürich 1968.

[4] Butzer, P. L. – K. Scherer, Über die Fundamentalsätze der klassischen Approximationstheorie in abstrakten Räumen. Erscheint in: Abstract Spaces and Approximation, ISNM, Vol. 10, Basel 1969 (herausgegeben von P. L. Butzer und B. Sz-Nagy), p. 113–125.

[5] Butzer, P. L. – K. Scherer, On the fundamental approximation theorems of D. Jackson, S. N. Bernstein and theorems of M. Zamansky and S. B. Stečkin. Aequationes Math. 2 (1968), 36–51.

[6] Chevalley, C., Theory of Lie Groups. Princeton Univ. Press, Princeton 1946.

[7] Görlich, E. – R. J. Nessel, Über Peano- und Riemann-Ableitungen in der Norm. Arch. Math. 18 (1963), 123–144.

[8] Gromoll, D. – W. Klinkenberg – W. Meyer, Riemannsche Geometrie im Großen. Lecture Notes in Math., Springer, Berlin 1968.

[9] Helgason, S., Differential Geometry and Symmetric Spaces. Academic Press, New York–London 1962.

[10] Johnen, H., Über Sätze von M. Zamansky und S. B. Stečkin und ihre Umkehrungen auf dem n-dimensionalen Torus. Journ. of Approximation Th. 2 (1969), 97–110.

[11] Kobayashi, S. – K. Nomizu, Foundations of Differential Geometry. Interscience Publishers, New York–London 1963.

[12] Lorentz, G. G., Approximation of Functions. Holt, New York 1966.

[13] Milnor, J., Topology from the Differentiable Viewpoint. Univ. Press of Virginia, Charlotteville 1965.

[14] Ragozin, D. L., Approximation theory on compact manifolds and Lie groups, with applications to harmonic analysis. Ph. D. Thesis. Harvard Univ. Cambridge, Massachusetts, 1967 (unveröffentlicht).

[15] Ragozin, D. L., Polynomial approximation on compact manifolds and homogeneous spaces (erscheint demnächst).

[16] Sunouchi, S. G., Derivatives of a polynomial of best approximation. Jahresber. DMV 70 (1968), 165–166.

[17] Stečkin, S. B., Über die Ordnung der besten Approximation von stetigen Funktionen (Russisch). Izv. Akad. Nauk SSSR, Ser. Mat. 15 (1951), 219–242.

[18] Timan, A. F., Theory of Approximation of Functions of a Real Variable. Oxford Univ. Press, London and New York 1963.

[19] Whitney, H., Geometric Integration theory. Princeton Univ. Press, Princeton 1957.

[20] Zamansky, M., Classes de saturation de certains procédés d'approximation des séries de Fourier des fonctions continues et applications à quelques problèmes d'approximation. Ann. Sci. Ecol. Norm. Sup. 66 (1949), 19–93.

[21] Zygmund, A., Trigonometric Series, Vol. I. Cambridge Univ. Press, Cambridge 1959.

Walter Trebels

Einige n-parametrige Approximationsverfahren und Charakterisierungen ihrer Favardklassen

Inhalt

1. Einleitung

1.1 Ein- und n-parametrige Approximationsverfahren

Eine ganze Klasse von Approximationsverfahren, die auf $L^p(-\infty, \infty)$, $1 \leqq p < \infty$, definiert sind, lassen sich in der Form eines Fourierschen Faltungsintegrals schreiben:

$$J(f; \zeta; \varrho) = \frac{\varrho}{\sqrt{2\pi}} \int_{-\infty}^{\infty} f(\zeta - \eta) K(\varrho\eta) \, d\eta \qquad (\varrho > 0),$$

wobei die Parameterabhängigkeit multiplikativ in den Kern K eingeht. Als Beispiel könnte man die Verfahren von Fejér, Jackson - de La Vallée Poussin, Bochner - Riesz, Gauß - Weierstraß, Abel - Poisson usf. (vgl. Butzer - Nessel [16]) nennen. Aus der Fülle der Übertragungsmöglichkeiten dieser Verfahren auf den n-dimensionalen euklidischen Raum E_n betrachten wir die beiden gebräuchlichsten Typen (vgl. z. B. Berens - Nessel [5], Butzer - Nessel [16], Nessel [31]):

i) der auf E_n definierte Kern K setzt sich multiplikativ aus eindimensionalen Kernen k_j zusammen: $K(x) = \prod_{j=1}^{n} k_j(x_j)$, wo $x = (x_1, \ldots, x_n) \in E_n$,

ii) der auf E_n definierte Kern K ist radial: $K(x) = K(|x|)$.

Im ersteren Falle ist es sinnvoll, jedem Faktor k_j einen eigenen Parameter $r_j > 0$ zuzuordnen; im zweiten hingegen erscheint nur ein Parameter $\varrho > 0$ sinnvoll. Im allgemeinen erhalten wir durch diese Kernbildungen zwei der Gestalt nach völlig anders geartete Ausdrücke. Unser Hauptinteresse widmen wir nun dem Phänomen der Saturation von n-parametrigen Approximationsverfahren, da diese einerseits einen unmittelbareren Zugang aus dem Eindimensionalen gestatten und andererseits nicht so ausführlich in der Literatur behandelt sind. Im Falle der reflexiven Räume $L^p(E_n)$, $p > 1$, zeigen wir, daß die Approximationsverfahren mit zerfallendem und die mit radialem Kern unter bestimmten Voraussetzungen das gleiche Saturationsverhalten besitzen; wir dürfen somit zur Charakterisierung der Favardklassen n-parametriger Approximationsverfahren die mannigfaltigen Ergebnisse verwenden, die im radialen Fall bereits in einer großen Anzahl von Arbeiten (vgl. z. B. die in [20] zitierte Literatur) entwickelt wurden.

Für die Räume $L^p(E_n)$, $1 \leqq p \leqq 2$, benutzen wir bereits bekannte Charakterisierungen der Saturationsklassen in Gestalt von Beziehungen zwischen Fouriertransformierten. Von diesen Relationen ausgehend, gelangen wir zu weiteren Charakterisierungen im Originalraum $L^p(E_n)$. Dazu benötigen wir unter anderem die koordinatenweise Übertragung der eindimensionalen Hilberttransformation im Sinne von Sokoł-Sokołowski [36], wie sie ähnlich auch von Lizorkin [27] verwendet wird. Desgleichen verwenden wir auch eine koordinatenweise Riesz-gebrochene Integration. Den Fall der Räume $L^p(E_n)$, $2 < p < \infty$, können wir dann mittels einer dualen Methode, wie wir sie z. B. bei Berens - Nessel [5] und Görlich - Nessel [24] finden, mit Hilfe der Ergebnisse aus $1 \leqq p \leqq 2$ behandeln.

In diesem Sinne stellt die vorliegende Arbeit, abgesehen von mehreren Erweiterungen, eine koordinatenweise Übertragung eindimensionaler Ergebnisse aus Butzer - Trebels [17] auf n Dimensionen dar. Doch betrachten wir unsere Ergebnisse nicht so sehr vom

Blickpunkt der gebrochenen Integration her, verknüpft mit einer geeigneten Hilberttransformation, als vielmehr vom Problem der Saturation der entsprechenden Approximationsverfahren.

Vorliegende Arbeit stellt den Abschlußbericht zu dem Forschungsvorhaben A/3-4147 dar, das vom LANDESAMT FÜR FORSCHUNG DES LANDES NORDRHEIN-WESTFALEN gefördert und von Professor Dr. P. L. BUTZER betreut wurde. Bei dieser Gelegenheit möchte der Verfasser dem Landesamt für Forschung für seine langjährige Unterstützung seinen herzlichen Dank aussprechen. Überdies ist der Autor Herrn Professor Dr. P. L. BUTZER und Herrn Dr. R. J. NESSEL für zahlreiche Hinweise und Hilfestellungen sowie für eine kritische Durchsicht dieser Arbeit zu Dank verpflichtet, ferner Frau K. KOCH, die das Manuskript mit großer Sorgfalt geschrieben hat.

1.2 Bezeichnungen und Sätze aus der Theorie der Fourierintegrale

Wie bereits erwähnt, sei E_n der n-dimensionale euklidische Raum, und N sei die Menge $N = \{0, 1, 2, \ldots\}$. Von den Elementen des E_n benutzen wir durchgehend u, v, x, y und z als Integrationsvariable, r und t als Parameter und α, β und γ als Exponenten. Hierbei hat stellvertretend $x \in E_n$ die Gestalt $x = (x_1, \ldots, x_n)$. Hierüber hinaus seien $e^j \in E_n$, $1 \leqq j \leqq n$, $j \in N$ die Einheitsvektoren des E_n in Richtung der j-ten Koordinatenachse. Das Skalarprodukt von $x, y \in E_n$ ist definiert durch $x \cdot y = \sum_{j=1}^{n} x_j y_j$ und $|x|$, der absolute Betrag von x, durch $|x|^2 = x \cdot x$. Alle übrigen Buchstaben symbolisieren im allgemeinen reelle oder komplexe Zahlen, soweit sie nicht Funktionen, Maße usf. repräsentieren. Die jeweiligen Unterscheidungen sind aus dem Zusammenhang jedoch leicht zu ersehen.

Die im folgenden betrachteten Funktionen f, g, h seien immer im Sinne von Lebesgue meßbar. Die Menge der auf E_n zur p-ten Potenz (absolut) integrierbaren Funktionen bezeichnen wir mit $\mathsf{L}^p(E_n) = \mathsf{L}^p$, d. h.

$$\mathsf{L}^p\,(E_n) = \{f;\ \|f\|_p = (\int_{E_n} |f(x)|^p dx)^{1/p} < \infty\} \qquad (1 \leqq p < \infty).$$

Im Falle $n = 1$ schreiben wir für die Norm insbesondere $\|f\|_{\mathsf{L}^p(E_1)}$. Ist $p = \infty$, so verstehen wir unter $\mathsf{L}^\infty(E_n) = \mathsf{L}^\infty$ die Menge

$$\mathsf{L}^\infty(E_n) = \{f;\ \|f\|_\infty = \operatorname*{ess\,sup}_{x \in E_n} |f(x)| < \infty\}.$$

p und p' seien stets zueinander konjugierte Exponenten: $1/p + 1/p' = 1$. Der Raum der beschränkten Borel-Maße μ, ν auf E_n sei $\mathsf{M}(E_n) = \mathsf{M}$, d. h.

$$\mathsf{M}(E_n) = \{\mu;\ \|\mu\|_{\mathsf{M}} = \int_{E_n} |d\mu| < \infty\}.$$

Schließlich benötigen wir noch den Raum C der stetigen, beschränkten Funktionen auf E_n mit $\|f\|_{\mathsf{C}} = \max_{x \in E_n} |f(x)|$ und den Raum der beliebig oft differenzierbaren Funktionen mit kompaktem Träger $\mathsf{C}_{00}^\infty(E_n) = \mathsf{C}_{00}^\infty$. Die k-te Differenz von f mit Verschiebung $u \in E_n$ definieren wir durch

$$\Delta_u^k f(x) = \Delta_u(\Delta_u^{k-1} f)\,(x) = \sum_{j=0}^{k} (-1)^j \binom{k}{j} f(x + (k-j)\,u) \qquad (k, j \in N)$$

und entsprechend eine k-te zentrale Differenz von f mit Verschiebung u durch

$$\bar{\Delta}_u^k f(x) = \bar{\Delta}_u(\bar{\Delta}_u^{k-1} f)\,(x) = \sum_{j=0}^{k} (-1)^j \binom{k}{j} f\left(x + \left(\frac{k}{2} - j\right) u\right) \qquad (k, j \in N).$$

Im Verlaufe dieser Arbeit werden die Definitionen einer Lipschitzbedingung und einer Ableitung in der Norm sich als grundlegend erweisen, und deshalb geben wir diese Begriffe in der folgenden

Definition 1.01. *Sei* $u \in E_n$, $0 < \lambda \leqq k$ $(k \in N)$, $1 \leqq p < \infty$. *Wir sagen* $f \in \mathsf{Lip}(\lambda, k; p)$, *falls eine Konstante* $A > 0$ *existiert mit*

$$\sup_{|u| \leqq \delta} \|\Delta_u^k f\|_p \leqq A\delta^\lambda .$$

Ist speziell $u = \omega e^j$ $(\omega \in E_1)$, *so benutzen wir die Bezeichnung* $f \in \mathsf{Lip}_j(\lambda, k; p)$. *Unter der ersten partiellen Ableitung von* f *bezüglich der Koordinate* x_j *in der Norm verstehen wir den starken Grenzwert des Differenzenquotienten* $\omega^{-1}\{f(x + \omega e^j) - f(x)\}$, *falls dieser existiert, und wir bezeichnen ihn mit* $(\partial/\partial x_j) f$:

$$\lim_{\omega \to 0} \|\omega^{-1}\{f(\cdot + \omega e^j) - f(\cdot)\} - (\partial/\partial x_j) f\|_p = 0 .$$

Zu dieser Definition ist zu bemerken, daß f selbst nicht eine L^p-Funktion zu sein braucht, vielmehr wird für $f \in \mathsf{Lip}(\lambda, k; p)$ nur $\Delta_u^k f \in \mathsf{L}^p$ und für die Existenz von $(\partial/\partial x_j) f$ nur $\Delta_{\omega e^j} f \in \mathsf{L}^p$ benötigt.

Die Sätze der (Lebesgue- bzw. Lebesgue-Stieltjes-)Integrationstheorie setzen wir im folgenden als bekannt voraus. Da bei der Diskussion des Falles $1 \leqq p \leqq 2$ analog zu Butzer [11] als Beweismethode wesentlich die Fouriertransformationsmethode eingeht, wollen wir hier (ohne Beweis) kurz die gebräuchlichen Sätze und Definitionen dieser Theorie zusammenstellen, wie man sie z. B. in Bochner [8], Bochner – Chandrasekharan [10], Weiss [42] findet. Sei $\mu \in \mathsf{M}$ gegeben, so wird als Fourier-Stieltjestransformierte von μ definiert

$$[\mu]^{\vee}(v) = \mu^{\vee}(v) = (2\pi)^{-n/2} \int_{E_n} e^{-iv \cdot x} d\mu(x). \tag{1.01}$$

Für $f \in \mathsf{L}^1$ sei die Fouriertransformierte durch

$$[f(\cdot)]^{\wedge}(v) = f^{\wedge}(v) = (2\pi)^{-n/2} \int_{E_n} e^{-iv \cdot x} f(x)\, dx \tag{1.02}$$

erklärt und für $f \in \mathsf{L}^p$, $1 < p \leqq 2$, durch den $\mathsf{L}^{p'}$-Normgrenzwert für $\varrho \to \infty$ von

$$f_\varrho^{\wedge}(v) = (2\pi)^{-n/2} \int_{|x| \leqq \varrho} e^{-iv \cdot x} f(x)\, dx . \tag{1.03}$$

Dann ist $\mu^{\vee}(v)$ gleichmäßig beschränkt und gleichmäßig stetig; für $f \in \mathsf{L}^1$ gilt hierüber hinaus das Lemma von Riemann-Lebesgue: $\lim_{|v| \to \infty} f^{\wedge}(v) = 0$.
Im Falle $1 < p \leqq 2$ ist die Situation komplizierter.

Satz 1.02. (Plancherel-Titchmarsh) *Für* $f \in \mathsf{L}^p$, $1 \leqq p \leqq 2$, *genügt* $f^{\wedge}$ *der Titchmarsh-Ungleichung*: $\|f^{\wedge}\|_{p'} \leqq \|f\|_p$.
Elementar errechnet man für die durch (1.01)–(1.03) definierten Transformationen

$$[\mu(\cdot + u)]^{\vee}(v) = e^{iu \cdot v} \mu^{\vee}(v), \quad [f(\cdot + u)]^{\wedge}(v) = e^{iu \cdot v} f^{\wedge}(v) \quad *.$$

* Hier und im folgenden verstehen wir die Gleichheit immer in der Norm des zugrunde liegenden Raumes. Speziell in diesem Beispiel gilt in der Formel für $\mu^{\vee}$ die Gleichheit in allen Punkten $v \in E_n$, da der Raum der Fourier-Stieltjestransformierten durch $\|\mu^{\vee}\|_{\mathsf{C}}$ normiert ist; in der Formel für $f^{\wedge}$ $(f \in \mathsf{L}^p, 1 < p \leqq 2)$ haben wir jedoch nur Gleichheit in fast allen Punkten $v \in E_n$, da $\|f^{\wedge}\|_{p'}$ die entsprechende Norm ist. Auf Grund dieser Vereinbarung können wir im allgemeinen darauf verzichten, zu unterscheiden, wann Gleichheit in allen bzw. fast allen Punkten vorliegt.

Die Transformationen sind eindeutig, denn es gilt

Satz 1.03. (Eindeutigkeitssatz) *Ist* $\mu \in \mathsf{M}$ *bzw.* $f \in \mathsf{L}^p$, $1 \leqq p \leqq 2$, *und* $\mu^\vee(v) = 0$ *bzw.* $f^\wedge(v) = 0$, *dann ist* $\mu \in \mathsf{M}$ *das Nullmaß bzw.* $f(x) = 0$.
Der nachfolgende Satz erweist sich in vielen Beweisen als nützlich.

Satz 1.04. (Parsevalformel) i) *Für* $f \in \mathsf{L}^1$ *und* $\mu \in \mathsf{M}$ *gilt*

$$\int_{E_n} f^\wedge(v)\, d\mu(v) = \int_{E_n} f(v)\, \mu^\vee(v)\, dv.$$

ii) *Für* $f, g \in \mathsf{L}^p$, $1 \leqq p \leqq 2$, *gilt*

$$\int_{E_n} f^\wedge(v)\, g(v)\, dv = \int_{E_n} f(v)\, g^\wedge(v)\, dv.$$

Fundamental ist

Satz 1.05. (Faltungssatz) *Sei* $g \in \mathsf{L}^1$ *und* $\mu \in \mathsf{M}$ *oder* $f \in \mathsf{L}^p$, $1 \leqq p < \infty$. *Die Faltungsprodukte*

$$g * \mu(x) = (2\pi)^{-n/2} \int_{E_n} g(x-y)\, d\mu(y)$$

$$g * f(x) = (2\pi)^{-n/2} \int_{E_n} g(x-y) f(y)\, dy$$

existieren für fast alle $x \in E_n$, *und es gilt*

$$\| g * \mu \|_1 \leqq \| g \|_1 \, \| \mu \|_{\mathsf{M}}, \quad \| g * f \|_p \leqq \| g \|_1 \, \| f \|_p.$$

Beschränken wir uns auf $1 \leqq p \leqq 2$, *so gilt ferner*

$$[g * \mu]^\wedge(v) = g^\wedge(v)\, \mu^\vee(v), \quad [g * f]^\wedge(v) = g^\wedge(v) f^\wedge(v).$$

Hängt g nur von einer Variablen ab, so erklären wir eine Faltung mit $f \in \mathsf{L}^p(E_n)$ bezüglich der j-ten Variablen (ohne eine neue Bezeichnungsweise einzuführen) durch

$$g * f(x) = (2\pi)^{-1/2} \int_{E_1} f(x - \eta e^j)\, g(\eta)\, d\eta.$$

Hierfür gelten sinngemäß die analogen Beziehungen

$$\| g * f \|_p \leqq \| g \|_{\mathsf{L}^1(E_1)} \, \| f \|_p, \quad [g * f]^\wedge(v) = g^\wedge(v_j) f^\wedge(v).$$

Schließlich geben wir noch den Darstellungssatz von Cramér in der Übertragung von Butzer – Nessel [15] an, der ein notwendiges und hinreichendes Kriterium dafür gibt, daß eine vorgegebene Funktion f selbst Fourier- bzw. Fourier-Stieltjestransformierte einer geeigneten Funktion ist.

Satz 1.06. (Darstellungssatz von Cramér) *Sei* $f(v) \exp\{-\tau |v|^2\}$ *für festes* $\tau > 0$ *integrierbar. Dann ist*

$$\left\| (2\pi)^{-n/2} \int_{E_n} e^{-\tau |v|^2} f(v)\, e^{ix \cdot v} dv \right\|_p = O(1) \qquad (1 \leqq p \leqq 2)$$

gleichmäßig in $\tau > 0$ *genau dann, wenn*

i) *im Falle* $p = 1$ *ein Maß* $\mu \in \mathsf{M}$ *existiert mit* $f(v) = \mu^\vee(v)$ *f. ü.*,

ii) *im Falle* $1 < p \leqq 2$ *eine Funktion* $g \in \mathsf{L}^p$ *existiert mit* $f(v) = g^\wedge(v)$ *f. ü.*

Der in diesem Satz verwendete Konvergenzfaktor $\exp\{-|v|^2\}$ ist die Fouriertransformierte eines radialen Kerns, und zwar des von Gauß–Weierstraß. Wir haben für $f \in \mathsf{L}^p$, $1 \leqq p \leqq 2$,

$$W^2(f;x;\tau) = (4\pi\tau)^{-n/2} \int_{E_n} f(x-y) \exp\left\{-\frac{|y|^2}{4\tau}\right\} dy$$

$$(1.04) \qquad = (2\pi)^{-n/2} \int_{E_n} e^{-\tau|v|^2} f^\wedge(v)\, e^{ix\cdot v} dv.$$

Verzichten wir auf die Darstellung mit Hilfe der Fouriertransformierten $f^\wedge$, so gilt für $1 \leqq p < \infty$

$$(1.05) \quad \text{i) } \|W^2(f;\cdot;\tau)\|_p \leqq \|f\|_p, \qquad \text{ii) } \lim_{\tau\to 0+} \|W^2(f;\cdot;\tau) - f(\cdot)\|_p = 0.$$

Hier kann in i) $f \in \mathsf{L}^1$ auch durch $\mu \in \mathsf{M}$ ersetzt werden.
Lassen wir nun im Konvergenzfaktor $\exp\{-|v|^2\}$ statt des Exponenten 2 einen allgemeinen positiven Exponenten λ zu, so erhalten wir das verallgemeinerte, einparametrige Weierstraßverfahren

$$(1.06) \qquad W^\lambda(f;x;\tau) = (2\pi)^{-n/2}\tau^{-n/\lambda} \int_{E_n} f(x-y)\, w_\lambda(\tau^{-1/\lambda}y)\, dy \qquad (\tau > 0),$$

wobei $w_\lambda \in \mathsf{L}^1$ und durch die Fouriertransformierte $w_\lambda^\wedge(v) = \exp\{-|v|^\lambda\}$ gegeben ist. $W^\lambda(f;x;\tau)$ besitzt (1.05) analoge Eigenschaften und fällt speziell für $\lambda = 1$ mit dem einparametrigen singulären Integral von Cauchy-Poisson zusammen.
Lassen wir andererseits in (1.04) statt τ eine Schar $t = (t_1, \ldots, t_n)$ von positiven Parametern zu, so erhalten wir das n-parametrige singuläre Integral von Gauß–Weierstraß. Dieses ist als Spezialfall in der allgemeinen Klasse von n-parametrigen Approximationsverfahren enthalten, die wir nun definieren werden.

1.3 Problemstellung für eine Klasse n-parametriger Approximationsverfahren

Im Verlaufe dieser Arbeit werden wir uns im wesentlichen mit der Charakterisierung der Favardklassen folgender singulärer Integrale beschäftigen:

$$(1.07) \qquad J(f;x;r) = (2\pi)^{-n/2} \int_{E_n} f(x-y) \left\{\prod_{j=1}^{n} r_j k_j(r_j y_j)\right\} dy.$$

Hierbei seien die Funktionen $k_j(\eta)$, $1 \leqq j \leqq n$, eindimensionale Kerne, d. h.

$$(1.08) \qquad k_j \in \mathsf{L}^1(E_1), \qquad \int_{-\infty}^{\infty} k_j(\eta)\, d\eta = \sqrt{2\pi}.$$

Ferner soll jeder Kern k_j die folgenden Eigenschaften erfüllen:

i) *es existieren Konstanten* $\alpha_j > 0$ *und* $C_j \neq 0$, $1 \leqq j \leqq n$, *mit*

$$(1.09) \qquad \lim_{\varrho\to\infty} \varrho^{\alpha_j}\{k_j^\wedge(\varrho^{-1}\xi) - 1\} = C_j |\xi|^{\alpha_j} \qquad (\xi \in E_1);$$

ii) *es existieren Funktionen* $\psi_j \in \mathsf{L}^1(E_1)$, $1 \leqq j \leqq n$, *mit*

$$(1.10) \qquad \varrho^{\alpha_j}\{k_j^\wedge(\varrho^{-1}\xi) - 1\} = C_j |\xi|^{\alpha_j} \psi_j^\wedge(\varrho^{-1}\xi) \qquad (\xi \in E_1,\ \varrho > 0).$$

Die Bedingung (1.10) läßt sich dahingehend abschwächen, daß man statt der Existenz von $\psi_j \in \mathsf{L}^1(E_1)$ nur diejenige von $\nu_j \in \mathsf{M}(E_1)$ fordert.
Für $J(f; x; r)$ gilt dann die folgende Saturationsaussage (vgl. BERENS – NESSEL [5]).

Satz 1.07. *Sei $f \in \mathsf{L}^p$, $1 \leqq p \leqq 2$, und $J(f; x; r)$ durch* (1.07) *gegeben. Erfüllen die Faktoren k_j des Kerns von $J(f; x; r)$ die Bedingungen* (1.08)–(1.10), *so gilt:*

a) *aus*

$$\|J(f; \cdot\,; r) - f(\cdot)\|_p = o\Big(\sum_{j=1}^{n} r^{-\alpha_j}\Big) \qquad (r \to \infty, \text{ i. e. } r_j \to \infty, 1 \leqq j \leqq n)$$

folgt $f(x) = 0$;

b) *die folgenden Bedingungen sind äquivalent:*

i) $$\|J(f; \cdot\,; r) - f(\cdot)\|_p = O\Big(\sum_{j=1}^{n} r_j^{-\alpha_j}\Big) \qquad (r \to \infty);$$

ii) *zu jedem j, $1 \leqq j \leqq n$, existiert im Falle $p = 1$ ein Maß $\mu_j \in \mathsf{M}$ mit $C_j\,|v_j|^{\alpha_j} f^\wedge(v) = \mu_j^\vee(v)$ bzw. im Falle $1 < p \leqq 2$ eine Funktion $g \in \mathsf{L}^p$ mit $C_j\,|v_j|^{\alpha_j} f^\wedge(v) = g_j^\wedge(v)$.*

Im folgenden beschreiben wir die Elemente f, die durch die Bedingung ii) des Satzes 1.07 ausgezeichnet sind, durch die Klasse V^p_α, wobei

$$(1.11) \qquad \mathsf{V}^p_\alpha = \left\{ f \in \mathsf{L}^p;\ |v_j|^{\alpha_j} f^\wedge(v) = \begin{cases} \mu_j^\vee(v),\ \mu_j \in \mathsf{M},\ p = 1 \\ g_j^\wedge(v),\ g_j \in \mathsf{L}^p,\ 1 < p \leqq 2 \end{cases},\ 1 \leqq j \leqq n \right\}.$$

Einen analogen Satz für auf dem n-dimensionalen Torus 2π-periodische L^p-Funktionen findet man bei GÖRLICH [22].
Im Beweis dieses Satzes wird wesentlich benutzt, daß die Bedingung b) i) äquivalent zu dem folgenden Satz von Bedingungen ist ($r_j = \varrho$)

$$(1.12) \qquad \|J_j(f; \cdot\,; \varrho) - f(\cdot)\|_p = O(\varrho^{-\alpha_j}) \qquad (1 \leqq j \leqq n),$$

wobei wir $J_j(f; x; \varrho)$ erklären durch

$$(1.13) \qquad J_j(f; x; \varrho) = (2\pi)^{-1/2} \varrho \int_{E_1} f(x - \eta e^j)\, k_j(\varrho\eta)\, d\eta.$$

Die durch (1.07)–(1.10) ausgewählte Klasse von Verfahren enthält die n-parametrigen singulären Integrale von Fejér, Bochner–Riesz, Jackson – de La Valleé Poussin, Gauß–Weierstraß, Abel–Poisson usf. Bei geeigneter Produktbildung aus n eindimensionalen Kernen dieser Verfahren erhält man wiederum ein singuläres Integral vom obigen Typ. Explizit wollen wir hier noch das verallgemeinerte n-parametrige Weierstraßverfahren $W(f; x; t; \alpha)$ angeben.

$$(1.14) \qquad W(f; x; t; \alpha) = (2\pi)^{-n/2} \int_{E_n} f(x - y) \prod_{j=1}^{n} t_j^{-1/\alpha_j} a(t_j^{-1/\alpha_j} y_j; \alpha_j)\, dy,$$

wobei $a(\eta; \lambda) \in \mathsf{L}^1(E_1)$ und für jedes $\lambda > 0$ durch die Fouriertransformierte $[a(\cdot\,; \lambda)]^\wedge(\xi) = \exp\{-|\xi|^\lambda\}$ gegeben ist.
Von $a(\eta; \lambda)$ läßt sich nachweisen (vgl. BERENS–GÖRLICH [4], GÖRLICH [21]), daß $a(\cdot\,; \lambda)$ den Bedingungen (1.09)–(1.10) genügt, wenn man $r_j^{\alpha_j} = t_j^{-1}$, $C_j = -1$, $1 \leqq j \leqq n$, setzt. Später benötigen wir noch die zu (1.13) analoge Bildung

$$(1.15) \qquad W_j(f; x; \tau; \alpha_j) = (2\pi)^{-1/2} \int_{-\infty}^{\infty} f(x - \eta e^j)\, \tau^{-1/\alpha_j}\, a(\tau^{-1/\alpha_j}\eta, \alpha_j)\, d\eta.$$

Setzt man in (1.14) speziell $\alpha = (2, \ldots, 2)$, so erhält man das n-parametrige singuläre Integral von Gauß–Weierstraß, das für $t = (\tau, \ldots, \tau)$ gerade die Form (1.04) annimmt. Mit $\alpha = (1, \ldots, 1)$ erfassen wir das n-parametrige singuläre Integral von Cauchy–Poisson, das aber für $t = (\tau, \ldots, \tau)$ nicht in das einparametrige Cauchy–Poisson-Integral mit radialem Kern übergeht. Daß dieser Sachverhalt jedoch für $\alpha = (2, \ldots, 2)$ gilt, macht eine Besonderheit des Gauß–Weierstraßverfahrens aus.
Im folgenden leiten wir nun Charakterisierungen für die Klasse V_α^p ab und gelangen dann mittels Satz 1.07, b) zu entsprechenden Aussagen über die Favardklasse von $J(f; x; r)$. Als Anwendungsbeispiel werden wir durchgehend das verallgemeinerte n-parametrige Weierstraßverfahren $W(f; x; t; \alpha)$ betrachten.

2. Charakterisierung der Saturationsklasse von $J\,(f;\, x;\, r)$

2.1 Die Klasse V_α^p, $1 \leqq p \leqq 2$

Wie aus (1.11) zu ersehen ist, genügt es zunächst, die Klasse ($\alpha_j = \lambda$, $\mu_j = \mu$, $g_j = g$)

$$\text{(2.01)} \qquad \mathsf{V}_{j,\lambda}^p = \{f \in \mathsf{L}^p;\, |v_j|^\lambda f^\wedge(v) = \begin{Bmatrix} \mu^\vee(v), \mu \in \mathsf{M}, p = 1 \\ g^\wedge(v), g \in \mathsf{L}^p, 1 < p \leqq 2 \end{Bmatrix},\ \lambda > 0\}$$

zu behandeln. Offensichtlich ist $\mathsf{V}_\alpha^p = \bigcap_{j=1}^{n} \mathsf{V}_{j,\alpha_j}^p$. Wir leiten zunächst für $f \in \mathsf{V}_{j,\lambda}^p$ Charakterisierungen ab, die vom Typ her wohl zuerst von Marchaud [28] für auf $[a, b]$ stetige Funktionen entwickelt wurden. In der Gestalt, wie wir sie verwenden, wurden sie von Zamansky [43] betrachtet und von Sunouchi–Watari [39] im Raume $\mathsf{C}_{2\pi}$ als gebrochene Rieszsche Ableitungen gedeutet. Analog werden wir die von uns nun abgeleiteten Ausdrücke als partielle gebrochene Rieszsche Ableitungen interpretieren.

Satz 2.01. *Sei $f \in \mathsf{L}^p$, $1 \leqq p \leqq 2$, und $s \in N$ so gewählt, daß $0 < \lambda < 2s$. Dann gilt $f \in \mathsf{V}_{j,\lambda}^p$ genau dann, wenn*

$$\|[C(\lambda, 2s)]^{-1} \int_{|\eta| \geqq \varepsilon} |\eta|^{-1-\lambda} \bar{\Delta}_{\eta e^j}^{2s} f(\cdot)\, d\eta\,\|_p = O\,(1)$$

gleichmäßig in $\varepsilon > 0$ ist. Hierbei ist die Konstante ($m \in N$)

$$\text{(2.02)} \qquad C(\lambda, m) = \int_{-\infty}^{\infty} |\eta|^{-1-\lambda} (e^{\frac{i}{2}\eta} - e^{-\frac{i}{2}\eta})^m\, d\eta$$

unabhängig von f und p.

Der Beweis beruht im wesentlichen auf dem (eindimensionalen) eleganten Beweis von Kojima–Sunouchi [25] und Sunouchi [38]. Wir fassen das Charakterisierungsproblem als Saturationsproblem auf und schreiben

$$\int_{|\eta| \geqq \varepsilon} |\eta|^{-1-\lambda} \bar{\Delta}_{\eta e^j}^{2s} f(x)\, d\eta = \text{Const}\ \varepsilon^{-\lambda}\, \{\varepsilon^{-1}(f * k_\lambda(\cdot/\varepsilon))\,(x) - f(x)\}$$

mit geeignetem Kern k_λ und passender Konstante, wobei die Faltung bezüglich der j-ten Komponente gebildet wird. Wir definieren zunächst

$$k_\lambda(\eta) = \frac{\sqrt{2\pi}}{B} \begin{cases} B_k\,|\eta|^{-1-\lambda}, & k \leqq |\eta| \leqq k+1,\ k = 0, 1, \ldots, s-1 \\ B_s\,|\eta|^{-1-\lambda}, & |\eta| \geqq s \end{cases},$$

wobei $B = (-1)^{s+1}\binom{2s}{s}\lambda^{-1}$, $B_0 = 0$ und $B_k = \sum_{l=0}^{k}(-1)^{s-l}\binom{2s}{s-l}l^\lambda$, $0 \leq k \leq s$, ist. Da $k_\lambda(\eta) = 0$ für $|\eta| \leqq 1$, ist $k_\lambda \in \mathsf{L}^1(E_1)$ für jedes $\lambda > 0$. Integrieren wir nun die Funktion k_λ über $(-\infty, \infty)$, so läßt sich elementar mit Hilfe der Formeln

$$\binom{2s}{s-l} = \binom{2s}{s+l},\quad \sum_{k=1}^{s}(-1)^{s-k}\binom{2s}{s-k} = 2^{-1}(-1)^{s+1}\binom{2s}{s}$$

gerade die Normierung der Funktion k_λ zeigen: $\int_{-\infty}^{\infty} k_\lambda(\eta)\,d\eta = \sqrt{2\pi}$. Mithin ist $\varepsilon^{-1}k_\lambda(\eta/\varepsilon)$ für $\varepsilon \to 0+$ eine approximierende Identität, und wir formen nun den folgenden Ausdruck um

$$\begin{aligned} \varepsilon^{-1}(f * k_\lambda(\cdot/\varepsilon))(x) - f(x) &= [2B]^{-1}\varepsilon^\lambda \sum_{k=1}^{s}(-1)^{s-k}\binom{2s}{s-k}\int_{|\eta|\geqq\varepsilon}|\eta|^{-1-\lambda}\bar{\Delta}^2_{k\eta e^j}f(x)\,d\eta \\ &= [2B]^{-1}\varepsilon^\lambda \int_{|\eta|\geqq\varepsilon}|\eta|^{-1-\lambda}\bar{\Delta}^{2s}_{\eta e^j}f(x)\,d\eta. \end{aligned}$$

Also ist k_λ gerade unser gesuchter Kern, und wir haben

(2.03) $$\int_{|\eta|\geqq\varepsilon}|\eta|^{-1-\lambda}\bar{\Delta}^{2s}_{\eta e^j}f(x)\,d\eta = 2B\varepsilon^{-\lambda}\{\varepsilon^{-1}(f * k_\lambda(\cdot/\varepsilon))(x) - f(x)\}.$$

Bilden wir von beiden die Fouriertransformierte, so erhalten wir

(2.04) $$\int_{|\eta|\geqq\varepsilon}|\eta|^{-1-\lambda}(e^{\frac{i}{2}\eta v_j} - e^{-\frac{i}{2}\eta v_j})^{2s}\,d\eta\, f^\wedge(v) = 2B\varepsilon^{-\lambda}\{k_\lambda^\wedge(\varepsilon v_j) - 1\}f^\wedge(v)$$

und hieraus unmittelbar ($v_j = \xi$)

(2.05) $$\frac{k_\lambda^\wedge(\xi) - 1}{|\xi|^\lambda} = B^{-1}\int_{\eta\geqq|\xi|}\eta^{-1-\lambda}(e^{\frac{i}{2}\eta} - e^{-\frac{i}{2}\eta})^{2s}\,d\eta.$$

Aus dieser Darstellung folgt nun

(2.06) $$\lim_{\xi\to 0}\frac{k_\lambda^\wedge(\xi) - 1}{|\xi|^\lambda} = \frac{C(\lambda, 2s)}{B} \neq 0.$$

Sunouchi [38] weist für alle $\lambda > 0$ nach, daß $|\xi|^{-\lambda}\{k_\lambda^\wedge(\xi) - 1\}$ Fourier-Stieltjestransformierte einer Funktion von beschränkter Variation ist, ja sogar daß $|\xi|^{-\lambda}\{k_\lambda^\wedge(\xi) - 1\}$ Fouriertransformierte einer $\mathsf{L}^1(E_1)$-Funktion ist. Für $\lambda > 1$ folgt das mit Hilfe der Beziehung (2.05) sofort aus dem folgenden Kriterium (siehe Berens–Görlich [4]):

1) *Sei $\psi(\xi)$ eine stetige, gerade Funktion auf E_1 und* $\lim_{\xi\to\infty}\psi(\xi) = 0$.

2) *Weiter sei ψ lokal absolut stetig in $(0, \infty)$, ψ' stückweise lokal absolut stetig. Ist außerdem*

3) $\int_0^\infty \xi|\psi''(\xi)|\,d\xi < \infty$, *so ist ψ darstellbar als Fouriertransformierte einer geraden L^1-Funktion.*

Zum Fall $0 < \lambda < 2$, $s = 1$ vergleiche man auch BUTZER–NESSEL [16; Sec. 13.2]. Somit erfüllt der eindimensionale Kern k_λ die für Saturation hinreichenden Bedingungen (1.08)–(1.10), und Satz 1.07 darf angewendet werden.
Satz 2.01 stellt dann für das Approximationsverfahren mit Kern k_λ gerade die Saturationsaussage dar.
Kombinieren wir die Aussagen über $J(f; x; r)$ aus Ausschnitt 1.3 mit dem Cramérschen Darstellungssatz und Satz 2.01, so erhalten wir

Folgerung 2.02. *Sei* $f \in \mathsf{L}^p$, $1 \leqq p \leqq 2$, $J(f; x; r)$ *wie im Abschnitt 1.3,* $\alpha = (\alpha_1, \ldots, \alpha_n)$, $\alpha_j > 0$, $1 \leqq j \leqq n$, *und* $s \in N$ *so gewählt, daß* $0 < \max_j \alpha_j < 2\,s$. *Folgende Aussagen sind äquivalent:*

a) $$\| J(f; \cdot\,; r) - f(\cdot) \|_p = O\left(\sum_{j=1}^{n} r_j^{-\alpha_j}\right) \qquad (r \to \infty);$$

b) $$\| J_j(f; \cdot\,; \varrho) - f(\cdot) \|_p = O(\varrho^{-\alpha_j}) \qquad (\varrho \to \infty,\ 1 \leqq j \leqq n);$$

c) $$f \in \mathsf{V}_\alpha^p;$$

d) $$\sum_{j=1}^{n} \| (2\,\pi)^{-n/2} \int_{E_n} e^{-\tau |v|^2} |v_j|^{\alpha_j} f^\wedge(v)\, e^{ix\cdot v} dv \|_p = O(1) \qquad (\tau > 0);$$

e) $$\sum_{j=1}^{n} \| [C(\alpha_j, 2\,s)]^{-1} \int_{|\eta| \geqq \varepsilon} |\eta|^{-1-\alpha_j} \bar{\Delta}_{\eta^j}^{2s} f(\cdot)\, d\eta \|_p = O(1) \qquad (\varepsilon > 0).$$

Die Aussagen b) und e) können verschärft werden, wenn im Falle $p = 1$ zusätzlich angenommen wird, daß alle vorkommenden Maße $\mu_j \in \mathsf{M}$ absolut stetig sind.

Satz 2.03. *Für* $J(f; x; r)$, f, α, s *wie in Folgerung 2.02, und* $g_j \in \mathsf{L}^p$, $1 \leqq p \leqq 2$, *sind folgende Aussagen äquivalent:*

b*) $$\lim_{\varrho \to \infty} \| \varrho^{\alpha_j} \{ J_j(f; \cdot\,; \varrho) - f(\cdot) \} - g_j(\cdot) \|_p = 0 \qquad (1 \leqq j \leqq n);$$

c*) $$C_j\, |v_j|^{\alpha_j} f^\wedge(v) = g_j^\wedge(v) \qquad (1 \leqq j \leqq n);$$

e*) $$\lim_{\varepsilon \to 0+} \sum_{j=1}^{n} \| C_j [C(\alpha_j, 2\,s)]^{-1} \int_{|\eta| \geqq \varepsilon} |\eta|^{-1-\alpha_j} \bar{\Delta}_{\eta e^j}^{2s} f(\cdot)\, d\eta - g_j(\cdot) \|_p = 0.$$

Wir zeigen nur die Äquivalenz von c*) und e*); diejenige zwischen b*) und c*) kann man einer Arbeit von GÖRLICH [23] entnehmen. Auf Grund der Beziehungen (2.04) und (2.05) und anschließender Diskussion gilt

$$2\,B[C(\alpha_j, 2\,s)\, \varepsilon^{\alpha_j}]^{-1} \{ k_{\alpha_j}^\wedge(\varepsilon v_j) - 1 \} f^\wedge(v) = C_j\, |v_j|^{\alpha_j} f^\wedge(v) \varphi_j^\wedge(\varepsilon v_j)\,,$$

wo $\varphi_j \in \mathsf{L}^1(E_1)$ und

$$\varphi_j^\wedge(\xi) = 2\,[C(\alpha_j, 2\,s)]^{-1} \int_{\eta \geqq |\xi|} \eta^{-1-\alpha_j} (e^{\frac{i}{2}\eta} - e^{-\frac{i}{2}\eta})^{2s}\, d\eta.$$

Wegen (2.06) ist $\lim_{\xi \to 0} \varphi_j^\wedge(\xi) = 1$ und somit $\int_{-\infty}^{\infty} \varphi_j(\eta)\, d\eta = \sqrt{2\,\pi}$, d. h. φ_j ist ein eindimensionaler Kern [vgl. (1.08)]. Mit Hilfe des Eindeutigkeitssatzes, der Relation (2.03) und der Voraussetzung c*) ergibt sich also

$$\| C_j [C(\alpha_j, 2\,s)]^{-1} \int_{|\eta| \geqq \varepsilon} |\eta|^{-1-\alpha_j} \bar{\Delta}_{\eta e^j}^{2s} f(\cdot)\, d\eta - g_j(\cdot) \|_1 = \| \varepsilon^{-1} \varphi_j(\cdot/\varepsilon) * g_j - g_j \|_p = o(1)$$

für $\varepsilon \to 0+$ gerade e*).

Gilt umgekehrt e*), so berücksichtigen wir die Gültigkeit von

$$[C(\lambda, 2s)]\,|\xi|^{\lambda} = \int_{-\infty}^{\infty} |\eta|^{-1-\lambda}(e^{\frac{i}{2}\xi\eta} - e^{-\frac{i}{2}\xi\eta})^{2s}\,d\eta$$

und erhalten mit dem Lemma von Fatou, dem Satz von Fubini und der Titchmarsh-Ungleichung unmittelbar die Behauptung

$$\begin{aligned}
&\| C_j\,|v_j|^{\alpha_j} f^{\wedge}(v) - g_j^{\wedge}(v)\|_{p'} \\
&\leqq \liminf_{\varepsilon\to 0+} \| [C_j[C(\alpha_j; 2s)]^{-1} \int_{|\eta|\geqq\varepsilon} |\eta|^{-1-\alpha_j} \bar{\Delta}^{2s}_{\eta e^j} f(\cdot)\,d\eta]^{\wedge} - g_j^{\wedge}\|_{p'} \\
&\leqq \liminf_{\varepsilon\to 0+} \| C_j[C(\alpha_j; 2s)]^{-1} \int_{|\eta|\geqq\varepsilon} |\eta|^{-1-\alpha_j} \bar{\Delta}^{2s}_{\eta e^j} f(\cdot)\,d\eta - g_j(\cdot)\|_{p} = 0.
\end{aligned}$$

Wir wollen nun Aussage e*) im Sinne der Einleitung zu diesem Abschnitt als partiell gebrochene Rieszsche Ableitung interpretieren. In den folgenden Betrachtungen sei der Einfachheit halber $f \in \mathsf{L}^1$ vorausgesetzt. (Analoge Betrachtungen gelten auch für $f \in \mathsf{L}^p$, $1 < p < \infty$.) Zunächst geben wir die übliche Definition des Riesz-Integrals gebrochener Ordnung für $n = 1$ (vgl. RIESZ [34])

$$(2.07) \qquad I^{\lambda} f(\zeta) = [C_1(\lambda)]^{-1} \int_{-\infty}^{\infty} |\eta|^{\lambda-1} f(\zeta - \eta)\,d\eta \qquad (0 < \lambda < 1)$$

mit der Konstanten $C_1(\lambda) = 2\,\Gamma(\lambda)\cos \pi\lambda/2$.

Es bieten sich nun, wie in Abschnitt 1.1 kurz ausgeführt, sowohl eine radiale als auch eine koordinatenweise Übertragung von (2.07) auf den E_n an.

Das Riesz-Integral gebrochener Ordnung im E_n, wie üblich definiert durch

$$I^{\lambda} f(x) = [C_n(\lambda)]^{-1} \int_{E_n} |y|^{\lambda-n} f(x-y)\,dy \qquad (0 < \lambda < n)$$

mit der Konstanten

$$C_n(\lambda) = \pi^{n/2}\, 2^{\lambda}\, \Gamma\left(\frac{\lambda}{2}\right) \left[\Gamma\left(\frac{n-\lambda}{2}\right)\right]^{-1},$$

stellt gerade die radiale Erweiterung von (2.07) auf n Dimensionen dar.

Im Rahmen unserer Arbeit ist jedoch eine koordinatenweise Übertragung von (2.07) auf den E_n angemessen, und wir bilden in Analogie zu (2.07) ein gebrochenes Integral bezüglich der j-ten Variablen:

$$(2.08) \qquad I_j^{\lambda} f(x) = [C_1(\lambda)]^{-1} \int_{-\infty}^{\infty} |\eta|^{\lambda-1} f(x - \eta e^j)\,d\eta \qquad (0 < \lambda < 1).$$

Einige Eigenschaften des »Kerns« $|\eta|^{\lambda-1}$ dieses Faltungsintegrals sind in dem folgenden Lemma von OKIKIOLU [33] zusammengefaßt (vgl. BUTZER-TREBELS [17, p. 32]).

Lemma 2.04. *Sei ω eine feste reelle Zahl ungleich Null und*

$$q_{\omega,\lambda}(\eta) = \sqrt{2\pi}\,[2\,\Gamma(\lambda)\cos \pi\lambda/2]^{-1} \{|\eta + \omega|^{\lambda-1} - |\eta|^{\lambda-1}\}.$$

Dann ist für $0 < \lambda < 1$ die Funktion $q_{\omega,\lambda} \in \mathsf{L}^1(E_1)$ und

$$\|q_{\omega,\lambda}\|_{\mathsf{L}^1(E_1)} = |\omega|^{\lambda} \|q_{1,\lambda}\|_{\mathsf{L}^1(E_1)}, \quad [q_{\omega,\lambda}]^{\wedge}(\xi) = (e^{i\omega\xi} - 1)\,|\xi|^{-\lambda}.$$

Die Hilberttransformierte von $q_{\omega,\lambda}$ existiert f. ü., hat die Gestalt

$$Hq_{\omega,\lambda}(\eta) = \sqrt{2\pi}\,[2\,\Gamma(\lambda)\sin \pi\lambda/2]^{-1}\{\operatorname{sgn}(\eta+\omega)\,|\eta+\omega|^{\lambda-1} - \operatorname{sgn}\eta\,|\eta|^{\lambda-1}\}$$

und die folgenden Eigenschaften: $Hq_{\omega,\lambda} \in \mathsf{L}^1(E_1)$,

$$\|Hq_{\omega,\lambda}\|_{\mathsf{L}^1(E_1)} = |\omega|^\lambda \|Hq_{1,\lambda}\|_{\mathsf{L}^1(E_1)}, \quad [Hq_{\omega,\lambda}]^\wedge(\xi) = (e^{i\omega\xi} - 1)(-i \operatorname{sgn} \xi)|\xi|^{-\lambda}.$$

Hierbei ist der (eindimensionale) Hilbertoperator H für $f \in \mathsf{L}^p(E_1)$, $1 \leqq p < \infty$, erklärt durch

$$Hf(\zeta) = \lim_{\varepsilon \to 0+} \pi^{-1} \int_{\varepsilon \leqq |\eta| \leqq \varepsilon^{-1}} \eta^{-1} f(\zeta - \eta)\, d\eta. \tag{2.09}$$

Mit Beweismethoden analog zu BUTZER-TREBELS [17] zeigt man: für $0 < \lambda < 1$ existiert $I_j^\lambda f(x)$ f. ü., ist lokal integrierbar und wählt man G als n-dimensionalen Würfel mit Kantenlänge $2b$, $b > 0$ fest, so gilt

$$\lim_{\omega \to \pm\infty} \int_G |I_j^\lambda f(x + \omega e^j)|\, dx = 0. \tag{2.10}$$

Ohne große Schwierigkeiten beweisen wir nun

Satz 2.05. *Für $f, g \in \mathsf{L}^1$ und $0 < \lambda < 1$ ist die Beziehung $|v_j|^\lambda f^\wedge(v) = g^\wedge(v)$ äquivalent zu der Darstellung $f(x) = I_j^\lambda g(x)$.*

Beweis: Gilt $f = I_j^\lambda g$, so folgt nach einer Differenzenbildung mit Verschiebung ωe^j für die Fouriertransformierte nach Lemma 2.04

$$(e^{i\omega v_j} - 1) f^\wedge(v) = [I_j^\lambda g(\cdot + \omega e^j) - I_j^\lambda g(\cdot)]^\wedge(v) = [g * q_{\omega,\lambda}]^\wedge(v) = |v_j|^{-\lambda}(e^{i\omega v_j} - 1) g^\wedge(v)$$

und hieraus unmittelbar die gewünschte Beziehung zwischen den Fouriertransformierten. Umgekehrt schließt man sofort auf $\Delta_{\omega e^j} f(x) = \Delta_{\omega e^j} I_j^\lambda g(x)$. Wir integrieren nun über G und erhalten für $\omega \to \infty$

$$\begin{aligned} 0 &= \lim_{\omega \to \infty} \int_G |\Delta_{\omega e^j}(f(x) - I_j^\lambda g(x))|\, dx \\ &\geqq \int_G |f(x) - I_j^\lambda g(x)|\, dx - \lim_{\omega \to \infty} \int_G |f(x + \omega e^j)|\, dx - \lim_{\omega \to \infty} \int_G |I_j^\lambda g(x + \omega e^j)|\, dx. \end{aligned}$$

Da $f \in \mathsf{L}^1$, verschwindet das Integral über $f(x + \omega e^j)$ für $\omega \to \infty$. Auf Grund von (2.10) strebt ebenfalls das letzte Integral für $\omega \to \infty$ gegen Null. Wir haben mithin

$$\int_G |f(x) - I_j^\lambda g(x)|\, dx = 0$$

für jeden Würfel G mit beliebig großer Kantenlänge $2b > 0$. Daraus folgt $f(x) = I_j^\lambda g(x)$ f. ü. in E_n.

Betrachten wir nun die Gleichung $f = I_j^\lambda g$, so ist f das gebrochene Integral der Ordnung λ bezüglich der j-ten Variablen von g. Umgekehrt dürfen wir g als bezüglich x_j partielle, gebrochene Rieszsche Ableitung von f auffassen. Aus Satz 2.05 ersehen wir, daß im Fourier-transformierten Raum der Faktor $|v_j|^\lambda$ gerade dem Umkehroperator zu I_j^λ entspricht, i. e. einer partiellen (bezüglich x_j) gebrochenen Differentiation. Auf Grund des Eindeutigkeitssatzes und des Satzes 2.03 ist es gerechtfertigt,

$$\operatorname*{s-lim}_{\varepsilon \to 0+} [C(\lambda, 2s)]^{-1} \int_{|\eta| \geqq \varepsilon} |\eta|^{-1-\lambda} \bar{\Delta}_{\eta e^j}^{2s} f(x)\, d\eta \tag{2.11}$$

als (bezüglich der j-ten Koordinate) partielle, gebrochene Rieszsche Ableitung der Ordnung λ zu interpretieren. Hierüber hinaus deuten wir diesen Grenzwert als Erweiterung des Riesz-Integrals (2.08) auf negative Exponentenwerte λ. Setzen wir nämlich speziell $s = 1$ und $0 < \lambda < 2$, so können wir die Konstante $C(\lambda, 2)$ auch in der

Form $C(\lambda, 2) = -2\pi[\Gamma(\lambda+1)\sin \pi\lambda/2]^{-1} = 4\cos(-\pi\lambda/2)\,\Gamma(-\lambda) = 2\,C_1(-\lambda)$ schreiben, wobei die Singularität an der Stelle $\lambda = -1$ hebbar ist. Dann gilt aber

$$[C(\lambda, 2)]^{-1} \int_{|\eta| \geqq \varepsilon} |\eta|^{-1-\lambda} \bar{\Delta}^2_{\eta e^j} f(x)\, d\eta = [C_1(-\lambda)]^{-1} \int_{|\eta| \geqq \varepsilon} |\eta|^{-1-\lambda} \{f(x-\eta e^j) - f(x)\}\, d\eta,$$

und das letzte Integral stellt für $\varepsilon \to 0+$ gerade den Hadamardschen Hauptwert von $I_j^{-\lambda} f$ dar. Analog bewirkt die $(2s)$-fache Differenzenbildung von f eine Regularisierung der aus

$$[C_1(-\lambda)]^{-1} \int_{|\eta| \geqq \varepsilon} |\eta|^{-1-\lambda} f(x-\eta e^j)\, d\eta$$

für $\varepsilon \to 0+$ entstehenden Distribution.

Aus diesen Gründen nennen wir die Funktion g, die durch $|v_j|^\lambda f^\wedge(v) = g^\wedge(v)$, $\lambda > 0$ beliebig, eindeutig bestimmt ist, die bezüglich der j-ten Variablen partielle, gebrochene Rieszsche Ableitung der Ordnung λ und schreiben $g = D_j^{\{\lambda\}} f$, d. h. für $f \in \mathsf{L}^p$, $1 \leqq p \leqq 2$, setzen wir

$$g = D_j^{\{\lambda\}} f \Leftrightarrow |v_j|^\lambda f^\wedge(v) = g^\wedge(v). \tag{2.12}$$

Wir wollen uns nun mit Existenzaussagen von $D_j^{\{\lambda\}} f$ in L^p, $2 < p < \infty$, beschäftigen.

2.2 Charakterisierungen in L^p, $2 < p < \infty$

Betrachten wir die Aussagen a) und e) von Folgerung 2.02 und b*) und e*) von Satz 2.03, so stellen wir fest, daß diese auch für L^p, $p > 2$, sinnvoll sind. Die Beschränkung auf $1 \leqq p \leqq 2$ scheint demnach von der Beweismethode abzuhängen. In der Tat ist nur in diesen Räumen eine Fouriertransformation im klassischen Sinne erklärt. Diese Schwierigkeit läßt sich umgehen (vgl. Görlich [20]), indem man eine distributionentheoretische Fouriertransformation benutzt und den Faktor $|v_j|^\lambda$ durch $(1 + |v_j|^2)^{\lambda/2}$, die Transformierte des (negativen, eindimensionalen) Besselpotentials, ersetzt (vgl. Lizorkin [26]). Denn ein Produkt ist nur zwischen einer verallgemeinerten Funktion und einer langsam wachsenden, beliebig oft differenzierbaren Funktion erklärt. Hier benutzen wir jedoch eine elementare duale Methode, wie sie z. B. in Görlich–Nessel [24], Berens–Nessel [5], Butzer–Nessel [16] zu finden ist und die die Distributionentheorie explizit vermeidet.

Satz 2.06. *Für $f \in \mathsf{L}^p$, $2 < p < \infty$, und $J(f; x; r)$ wie in Abschnitt 1.3 sind folgende Bedingungen äquivalent:*

a) $$\|J(f;\cdot;r) - f(\cdot)\|_p = O\Big(\sum_{j=1}^n r_j^{-\alpha_j}\Big);$$

b) $$\|J_j(f;\cdot;\varrho) - f(\cdot)\|_p = O(\varrho^{-\alpha_j}) \qquad (1 \leqq j \leqq n);$$

c) *es existieren $g_j \in \mathsf{L}^p$, so daß für jedes $\Phi \in \mathsf{V}_\alpha^{p'}$* $(1 < p' < 2)$

$$\int_{E_n} f(x)\, C_j[D_j^{\{\alpha_j\}}\Phi](x)\, dx = \int_{E_n} g_j(x)\, \Phi(x)\, dx \qquad (1 \leqq j \leqq n); \tag{2.13}$$

d) *es existieren $g_j \in \mathsf{L}^p$, so daß*

$$\lim_{\varrho \to \infty} \|\varrho^{\alpha_j}\{J_j(f;\cdot;\varrho) - f(\cdot)\} - g_j(\cdot)\|_p = 0 \qquad (1 \leqq j \leqq n);$$

e) $$\sum_{j=1}^{n} \| C_j[C(\alpha_j, 2s)]^{-1} \int_{|\eta| \geqq \varepsilon} |\eta|^{-1-\alpha_j} \bar{\Delta}^{2s}_{\eta e^j} f(\cdot)\, d\eta \|_p = O(1) \qquad (\varepsilon > 0),$$

wobei $s \in N$ *durch die Bedingung* $0 < \max_j \alpha_j < 2s$ *festgelegt ist;*

f) *es existieren* $g_j \in \mathsf{L}^p$, *so daß* $(0 < \max_j \alpha_j < 2s)$

$$\lim_{\varepsilon \to 0+} \sum_{j=1}^{n} \| C_j[C(\alpha_j, 2s)]^{-1} \int_{|\eta| \geqq \varepsilon} |\eta|^{-1-\alpha_j} \bar{\Delta}^{2s}_{\eta e^j} f(\cdot)\, d\eta - g_j(\cdot) \|_p = 0.$$

Beweis: Die Äquivalenz von a) und b) ist in Berens–Nessel [5] bewiesen. Zur Richtung b) $\Rightarrow$ c) bemerken wir zunächst, daß (2.13) auf Grund der Hölder-Ungleichung sinnvoll ist, da $f, g_j \in \mathsf{L}^p$ und Φ, $D_j^{\{\alpha_j\}} \Phi \in \mathsf{L}^{p'}$. Wir definieren nun für jedes feste j, $1 \leqq j \leqq n$, das Funktional

$$\Lambda_{j,\varrho}(f) = \int_{E_n} f(x)\, \varrho^{\alpha_j} \{J_j(\Phi; x; \varrho) - \Phi(x)\}\, dx. \tag{2.14}$$

Mit Hilfe der Hölderschen Ungleichung und des Satzes von Fubini folgt

$$\Lambda_{j,\varrho}(f) = \int_{E_n} \Phi(x)\, \varrho^{\alpha_j} \{J_j(f; x; \varrho) - f(x)\}\, dx. \tag{2.15}$$

Nach Satz 2.03, der Setzung (2.12) erhalten wir mit Hilfe der Hölder-Ungleichung aus (2.14)

$$\lim_{\varrho \to \infty} \Lambda_{j,\varrho}(f) = \int_{E_n} f(x)\, C_j[D_j^{\{\alpha_j\}} \Phi](x)\, dx.$$

Andererseits existiert auf Grund der Voraussetzung b) und der schwachen Kompaktheit von L^p eine Teilfolge $\{\varrho_k\}$ $(k \in N)$ und eine Funktion $g_j \in \mathsf{L}^p$, so daß aus (2.15)

$$\lim_{k \to \infty} \Lambda_{j,\varrho_k}(f) = \int_{E_n} g_j(x)\, \Phi(x)\, dx$$

folgt. Somit ist c) bewiesen, da die Argumentation für alle j, $1 \leqq j \leqq n$, gilt. Gilt nun c), dann existieren nach (1.10) Funktionen $\psi_j \in \mathsf{L}^1(E_1)$ mit $\int_{-\infty}^{\infty} |\psi_j(\eta)|\, d\eta < \infty$ und $\int_{-\infty}^{\infty} \psi_j(\eta)\, d\eta = \sqrt{2\pi}\, \psi_j^{\wedge}(0) = \sqrt{2\pi}$. Da nun

$$\begin{aligned}[\varrho^{\alpha_j} \{J_j(\Phi; \cdot\,; \varrho) - \Phi(\cdot)\}]^{\wedge}(v) &= \varrho^{\alpha_j} \{k_j^{\wedge}(\varrho^{-1} v_j) - 1\}\, \Phi^{\wedge}(v) = C_j\, |v_j|^{\alpha_j}\, \Phi^{\wedge}(v)\, \psi_j^{\wedge}(\varrho^{-1} v_j)\\ &= [C_j[D_j^{\{\alpha_j\}} \Phi] * \varrho \psi_j(\varrho\, \cdot)]^{\wedge}(v) = [C_j D_j^{\{\alpha_j\}} (\Phi * \varrho \psi_j(\varrho\, \cdot))]^{\wedge}(v)\end{aligned}$$

erhalten wir auf Grund des Eindeutigkeitssatzes, des Satzes von Fubini und c)

$$\begin{aligned}\Lambda_{j,\varrho}(f) &= \int_{E_n} f(x) \{(2\pi)^{-1/2} \varrho \int_{-\infty}^{\infty} C_j[D_j^{\{\alpha_j\}} \Phi](x - \eta e^j)\, \psi_j(\varrho\eta)\, d\eta\}\, dx\\ &= \int_{E_n} f(x)\, C_j D_j^{\{\alpha_j\}} \{(2\pi)^{-1/2} \varrho \int_{-\infty}^{\infty} \Phi(x - \eta e^j)\, \psi_j(\varrho\eta)\, d\eta\}\, dx\\ &= \int_{E_n} g_j(x)\, (2\pi)^{-1/2} \varrho \int_{-\infty}^{\infty} \Phi(x - \eta e^j)\, \psi_j(\varrho\eta)\, d\eta\, dx\\ &= \int_{E_n} \Phi(x)\, (2\pi)^{-1/2} \varrho \int_{-\infty}^{\infty} g_j(x + \eta e^j)\, \psi_j(\varrho\eta)\, d\eta\, dx\end{aligned}$$

für jedes $\Phi \in \mathsf{V}_\alpha^{p'}$. Da $\mathsf{V}_\alpha^{p'}$ dicht in $\mathsf{L}^{p'}$ ist, folgt mit (2.15)

$$\varrho^{\alpha_j} \{J_j(f; x; \varrho) - f(x)\} = (2\pi)^{-1/2} \varrho \int_{-\infty}^{\infty} g_j(x - \eta e^j) \, \psi_j(\varrho\eta) \, d\eta .$$

Da nach obigem ψ_j ein eindimensionaler Kern ist, folgt d). Trivialerweise beinhaltet schließlich d) die Bedingung b).

Es bleibt also nur noch die Äquivalenz von c), e) und f) zu zeigen.

Wie aus dem Beweis zu Satz 2.01 zu ersehen ist, läßt sich das Integral in e) auch in der Form $\varepsilon^{-\alpha_j} \{\varepsilon^{-1}(f * k_{\alpha_j}(\cdot/\varepsilon))(x) - f(x)\}$ schreiben; hierfür läßt sich analog zu $J_j(f; x; \varrho)$ die gewünschte Äquivalenz zeigen.

Insbesondere gilt für die Elemente f der Saturationsklasse des verallgemeinerten, n-parametrigen Weierstraßintegrals: *Es ist* $(1 \leqq p < \infty)$

$$f \in \{f \in \mathsf{L}^p; \ \| W(f; \cdot\,; t; \alpha) - f(\cdot) \|_p = O\,(\sum_{j=1}^{n} t_j)\}$$

genau dann, wenn $(0 < \max_j \alpha_j < 2\,s)$

$$f \in \{f \in \mathsf{L}^p; \sum_{j=1}^{n} \| \int_{|\eta| \geqq \varepsilon} |\eta|^{-1-\alpha_j} \bar{\Delta}_{\eta e^j}^{2s} f(\cdot) \, d\eta \|_p = O\,(1), \ \varepsilon > 0\}.$$

Hierüber hinaus lassen sich für beliebige $\lambda > 0$ mittels des Integraloperators I_j^λ Darstellungen von f als gebrochene Integrale und mit Hilfe des Lemmas 2.04 Charakterisierungen von f in Form von Lipschitzbedingungen gewinnen. Jedoch wollen wir für beliebige gebrochene Exponenten $\lambda > 0$ hierauf nicht näher eingehen, sondern uns zunächst mit Glattheitseigenschaften von f beschäftigen, die f notwendig besitzen muß, um z. B. zur Saturationsklasse von $W(f; x; t; \alpha)$ zu gehören.

2.3 Notwendige Eigenschaften der Elemente von V_α^p

Es ist offensichtlich hinreichend, die Klasse $\mathsf{V}_{j,\lambda}^p$ (2.01) zu betrachten.

Lemma 2.07. *Aus* $f \in \mathsf{V}_{j,\lambda}^p$ *folgt* $f \in \mathsf{Lip}_j(\lambda, k; p)$, *falls* $0 < \lambda < k$.

Beweis: Im Falle $p = 1$ nehmen wir mit Berens–Nessel [5] zunächst zusätzlich an, daß μ absolut stetig ist. Dann besagt die Voraussetzung, daß eine Funktion $g \in \mathsf{L}^p$, $1 \leqq p \leqq 2$, existiert mit $|v_j|^\lambda f^\wedge(v) = g^\wedge(v)$. Offensichtlich gilt dann

$$[\Delta_{\omega e^j}^k f]^\wedge(v) = (e^{i\omega v_j} - 1)^k f^\wedge(v) = \{|v_j|^{-\lambda/k}(e^{i\omega v_j} - 1)\}^k g^\wedge(v).$$

Die rechte Seite darf als k-fache Faltung von $q_{\omega,\lambda/k}$ (vgl. Lemma 2.04) mit sich und anschließender Faltung mit g aufgefaßt werden. Mit dem Eindeutigkeitssatz, dem Faltungssatz und Lemma 2.04 folgt dann

$$\| \Delta_{\omega e^j}^k f \|_p \leqq \| q_{\omega,\lambda/k} \|_{\mathsf{L}^1(E_1)}^k \, \| g \|_p = O(|\omega|^\lambda).$$

Ist $\mu \in \mathsf{M}$ nicht absolut stetig, so glätten wir μ mit dem Weierstraßkern [vgl. (1.04), (1.05)]:

$$W^2(\mu; x; \tau) = (4\pi\tau)^{-n/2} \int_{E_n} \exp\left\{-\frac{|x-y|^2}{4\tau}\right\} d\mu\,(y).$$

Hierfür gilt, wie bereits erwähnt, $\| W^2(\mu; \cdot\,; \tau) \|_1 \leqq \| \mu \|_{\mathsf{M}}$ und $[W^2(\mu; \cdot\,; \tau)]^\wedge(v) = \exp\{-\tau\,|v|^2\}\,\mu^\vee(v)$ für alle $\tau > 0$. Da außerdem $|v_j|^\lambda \exp\{-\tau\,|v|^2\} f^\wedge(v) =$

$= \exp\{-\tau\,|v|^2\}\,\mu^\vee(v)$, ist $W^2(f; x; \tau) \in \mathsf{V}^1_{j,\lambda}$. Auf $W^2(f; x; \tau)$ darf obiges Resultat angewendet werden, und wir erhalten

$$\|\Delta^k_{\omega e^j} W^2(f; \cdot\,; \tau)\|_1 \leqq |\omega|^\lambda \|q_{1,\lambda/k}\|^k_{\mathsf{L}^1(E_1)}\, \|W^2(\mu; \cdot\,; \tau)\|_1 = O(|\omega|^\lambda)$$

gleichmäßig für alle $\tau > 0$. Da $\lim_{\tau\to 0+} \|W^2(f; \cdot\,; \tau) - f(\cdot)\|_1 = 0$, gibt uns der Grenzübergang $\tau \to 0+$ schließlich die Behauptung auch im Falle $p = 1$.

Folgerung 2.08. *Aus $f \in \mathsf{V}^p_\alpha$ folgt $f \in \mathsf{Lip}_j(\alpha_j, r_j; p)$ für alle j, $1 \leqq j \leqq n$, wo $0 < \alpha_j < r_j$, $r_j \in N$.*

Über Differenzierbarkeitseigenschaften von f gibt der folgende Satz Auskunft.

Satz 2.09. a) *Ist $f \in \mathsf{V}^p_{j,\lambda}$, so existieren zu jedem $\varkappa$, $0 < \varkappa < \lambda$, Funktionen $g_\varkappa$, $h_\varkappa \in \mathsf{L}^p$ mit $|v_j|^\varkappa f^\wedge(v) = g^\wedge_\varkappa(v)$ und $(-i\,\mathrm{sgn}\, v_j)\,|v_j|^\varkappa f^\wedge(v) = h^\wedge_\varkappa(v)$.*

b) *Gilt für $f, f_s \in \mathsf{L}^p$, $1 \leqq p \leqq 2$, die Relation $(iv_j)^s f^\wedge(v) = f^\wedge_s(v)$ für ein $s \in N$, dann existieren Funktionen $f_k \in \mathsf{L}^p$, $1 \leqq k \leqq s$, mit $(iv_j)^k f^\wedge(v) = f^\wedge_k(v)$; insbesondere folgt hieraus, daß die Ableitungen $(\partial/\partial x_j)^k f$, $1 \leqq k \leqq s$, in der Norm (als L^p-Funktionen) existieren.*

Beweis: a) Mit Hilfe von Lemma 2.07 folgt aus $f \in \mathsf{V}^p_{j,\lambda}$ für jedes $s \in N$ mit $0 < \lambda < s$ die Aussage $f \in \mathsf{Lip}_j(\lambda, s; p)$. Insbesondere erhalten wir dann (zum weiteren Beweisgang vgl. Trebels [41]) mit Hilfe der verallgemeinerten Minkowski-Ungleichung für $0 < \varkappa < \lambda$

$$\Big\| \int_{\varepsilon_1}^{\varepsilon_2} |\eta|^{-1-\varkappa} \bar{\Delta}^s_{\eta e^j} f(\cdot)\, d\eta \Big\|_p = O\Big(\int_{\varepsilon_1}^{\varepsilon_2} |\eta|^{-1-\varkappa}\, |\eta|^\lambda d\eta\Big) = o\,(1)$$

für $\varepsilon_1, \varepsilon_2 \to 0+$, d. h. für festes s bildet die Folge

$$T^{(\varkappa)}_{s,\varepsilon} f \equiv 2\,[C(\varkappa, s)]^{-1} \int_\varepsilon^\infty |\eta|^{-1-\varkappa} \bar{\Delta}^s_{\eta e^j} f(\cdot)\, d\eta$$

für $\varepsilon \to 0+$ eine Cauchy-Folge in L^p. Wegen der Vollständigkeit des Raumes L^p existiert eine Funktion $g_{\varkappa,s} \in \mathsf{L}^p$ mit s-lim $T^{(\varkappa)}_{s,\varepsilon} f = g_{\varkappa,s}$. Ist s gerade, so folgt wie in Teil ii) des Beweises zu Satz 2.03 $|v_j|^\varkappa f^\wedge(v) = g^\wedge_\varkappa(v)$. Hierbei konnten wir den Index s fallen lassen, da für geradzahlige s mit $0 < \varkappa < s$ nach dem Eindeutigkeitssatz und Satz 2.03 die Funktion $g_{\varkappa,s}$ von s unabhängig ist.

Beachten wir für ungeradzahlige $s = 2m + 1$

$$\int_{-\infty}^{\infty} |\eta|^{-1-\varkappa} (e^{\frac{i}{2} v_j \eta} - e^{-\frac{i}{2} v_j \eta})^{2m+1}\, d\eta = C(\varkappa, 2m+1)\,(\mathrm{sgn}\, v_j)\,|v_j|^\varkappa,$$

so können wir aus s-lim $T^{(\varkappa)}_{2m+1,\varepsilon} f = g_{\varkappa,2m+1}$ auf Grund des Eindeutigkeitssatzes auf $(-i\,\mathrm{sgn}\, v_j)\,|v_j|^\varkappa f^\wedge(v) = h^\wedge_\varkappa(v)$ schließen, falls wir $-i g_{\varkappa,2m+1} = h_\varkappa$ setzen.

b) Ist s geradzahlig, so garantiert gerade Teil a) dieses Satzes die Existenz von Funktionen $f_k \in \mathsf{L}^p$ mit $(iv_j)^k f^\wedge(v) = f^\wedge_k(v)$. Für ungeradzahliges s gehen wir wie in Lemma 2.07 vor und erhalten mit Hilfe der Funktionen $q_{\omega,\lambda}$ und $Hq_{\omega,\lambda}$ aus Lemma 2.04, daß $f \in \mathsf{Lip}_j(s, s+1; p)$. Hieraus schließen wir wie in Teil a) dieses Beweises wiederum auf die Existenz von $f_k \in \mathsf{L}^p$, die die gewünschten Relationen zwischen den Fouriertransformierten erfüllen. Für $k = 1$ haben wir insbesondere

$$(e^{i\omega v_j} - 1) f^\wedge(v) = (-iv_j)^{-1} (e^{i\omega v_j} - 1) f^\wedge_1(v).$$

Da die rechte Seite im wesentlichen die Faltung der charakteristischen Funktion des Intervalls $[-\omega, 0]$ auf der x_j-Achse mit der Funktion f_1 ist, folgt mit dem Eindeutigkeitssatz

$$f(x + \omega e^j) - f(x) = \int_{-\omega}^{0} f_1(x - \eta e^j)\, d\eta$$

und hieraus

$$\| \omega^{-1} \{f(\cdot + \omega e^j) - f(\cdot)\} - f_1(\cdot) \|_p = \| \omega^{-1} \int_{-\omega}^{0} \{f_1(\cdot - \eta e^j) - f_1(\cdot)\} \, d\eta \|_p .$$

Dieser Ausdruck strebt aber für $\omega \to 0$ auf Grund der verallgemeinerten Minkowski-Ungleichung und der Stetigkeit von f_1 im Mittel gegen Null. Nach Definition 1.01 existiert somit die erste partielle Ableitung von f bezüglich x_j in der Norm.
Da hieraus nun umgekehrt $[(\partial/\partial x_j) f]^\wedge (v) = (iv_j) f^\wedge (v)$ folgt, denn

$$(2.16) \qquad \begin{aligned} &\| (iv_j) f^\wedge (v) - [(\partial/\partial x_j) f]^\wedge (v) \|_{p'} \\ &\leqq \liminf_{\omega \to 0} \| \omega^{-1} (e^{i\omega v_j} - 1) f^\wedge (v) - [(\partial/\partial x_j) f]^\wedge (v) \|_{p'} \\ &\leqq \lim_{\omega \to 0} \| \omega^{-1} \{f(\cdot + \omega e^j) - f(\cdot)\} - (\partial/\partial x_j) f(\cdot) \|_p = 0, \end{aligned}$$

erhalten wir $(iv_j)^2 f^\wedge (v) = (iv_j) f_1^\wedge (v) = f_2^\wedge (v)$. Mithin gilt $(\partial/\partial x_j)^2 f = f_2$ und bei iterativer Anwendung dieses Arguments die noch fehlende Aussage von b).
Hiermit gewinnen wir für verschiedene α-Werte eine gewisse Ordnung der Klassen V^p_α.

Folgerung 2.10. *Es gilt* $\mathsf{V}^p_\alpha \subset \mathsf{V}^p_\beta$, *falls* $\alpha_j \geqq \beta_j$, $1 \leqq j \leqq n$.

Mit Satz 2.09 gewinnen wir überdies eine weitere Charakterisierung der Klasse V^p_α.

Folgerung 2.11. *Die Eigenschaften* a)–e) *der Folgerung 2.02 sind äquivalent zu*

f) *die (ungemischten) partiellen Ableitungen von f bezüglich x_j existieren in der Norm bis zur Ordnung $< \alpha_j$, und, ist k_j die größte gerade Zahl mit $k_j < \alpha_j$, so gilt*

$$\sum_{j=1}^{n} \| [C(\alpha_j - k_j, 4)]^{-1} \int_{|\eta| \geqq \varepsilon} |\eta|^{k_j - 1 - \alpha_j} \bar{\Delta}^4_{\eta e^j} (\partial/\partial x_j)^{k_j} f(\cdot) \, d\eta \|_p = O(1)$$

gleichmäßig in $\varepsilon > 0$.

Bevor wir uns Charakterisierungen im Falle ganzzahliger Komponenten von α zuwenden, wollen wir noch den Zusammenhang zwischen der Saturationsklasse von $W(f; x; t; \alpha)$ mit $\alpha = (\lambda, \ldots, \lambda)$ (stellvertretend für das entsprechende singuläre Integral $J(f; x; r)$) und der Favardklasse des verallgemeinerten einparametrigen Weierstraßverfahrens $W^\lambda(f; x; \tau)$ [vgl. (1.06)] behandeln.

2.4 Reduktion des Falles $\alpha = (\lambda, \ldots, \lambda)$ auf bekannte Charakterisierungen für $W^\lambda(f; x; \tau)$ in reflexiven Räumen

Nach einem Ergebnis von Görlich [23] ist die Saturationsklasse von $W^\lambda(f; x; \tau)$ im Raume L^p, $1 < p \leqq 2$, äquivalent durch die Menge

$$(2.17) \qquad \mathsf{W}^p_\lambda = \{f \in \mathsf{L}^p;\ |v|^\lambda f^\wedge (v) = g^\wedge (v),\ g \in \mathsf{L}^p\}$$

charakterisiert. Wir wollen nun die Klassen V^p_α und W^p_λ miteinander vergleichen. Von der Theorie der Fouriertransformation her gesehen, ist zu erwarten, daß der Fall $p = 2$ die geringsten Schwierigkeiten bietet. Wegen der Abschätzung (n = Dimensionszahl des euklidischen Raumes)

$$|v|^\lambda \leqq n^{\lambda/2} \sum_{j=1}^{n} |v_j| \leqq n^{1 + \lambda/2} |v|^\lambda$$

sind die Funktionen

$$(2.18) \ \Phi_j(v) = |v_j|^\lambda \Big[\sum_{m=1}^{n} |v_m|^\lambda \Big]^{-1}, \ \Phi(v) = |v|^\lambda \Big[\sum_{m=1}^{n} |v_m|^\lambda \Big]^{-1}, [\Phi(v)]^{-1} = \sum_{m=1}^{n} |v_m|^\lambda |v|^{-\lambda}$$

gleichmäßig beschränkt und deshalb Multiplikatoren vom Typ $(\mathsf{L}^2, \mathsf{L}^2)$. Hierbei heißt ψ Multiplikator vom Typ $(\mathsf{L}^2, \mathsf{L}^2)$: $\psi \in (\mathsf{L}^2, \mathsf{L}^2)$, falls zu jedem $f \in \mathsf{L}^2$ eine Funktion $g \in \mathsf{L}^2$ existiert mit $\psi(v) f^\wedge(v) = g^\wedge(v)$. Hierdurch wird ein linearer, beschränkter Operator von L^2 in L^2 definiert.
Nun gilt offensichtlich die folgende (mengentheoretische) Inklusion

$$\mathsf{V}^2_\alpha \subset \{f \in \mathsf{L}^2;\ \sum_{j=1}^{n} |v_j|^\lambda f^\wedge(v) = g^\wedge(v),\ g \in \mathsf{L}^2\} \equiv \mathsf{X}^2_\lambda.$$

Geben wir umgekehrt $f \in \mathsf{X}^2_\lambda$ vor, so existieren wegen $\Phi_j \in (\mathsf{L}^2, \mathsf{L}^2)$ [vgl. (2.18)] Funktionen $g_j \in \mathsf{L}^2$ mit $\Phi_j(v)\, g^\wedge(v) = g_j^\wedge(v)$, d. h. $|v_j|^\lambda f^\wedge(v) = g_j^\wedge(v)$, $1 \leqq j \leqq n$, und somit $\mathsf{X}^2_\lambda \subset \mathsf{V}^2_\alpha$. Auf die Elemente von X^2_λ wenden wir nun den durch Φ definierten Operator an und erhalten $\mathsf{X}^2_\lambda \subset \mathsf{W}^2_\lambda$. Geben wir uns umgekehrt $f \in \mathsf{W}^2_\lambda$ vor und wenden den durch $[\Phi]^{-1}$ definierten Operator an, so sieht man $f \in \mathsf{X}^2_\lambda$. Wir haben also, daß die Mengen V^2_α, X^2_λ, W^2_λ (im mengentheoretischen Sinne) gleich sind. W^2_λ stellt nun gerade eine Charakterisierung der L^2-Saturationsklasse verschiedener Approximationsverfahren mit radialem Kern dar. Hierfür sind eine Fülle von Charakterisierungen bekannt (vgl. z. B. Aronszajn–Mulla–Szeptycki [1], Aronszajn–Smith [2], Stein [37], Görlich [20] und die dort zitierte Literatur).
Auch im Falle $1 < p < 2$ wollen wir nachweisen, daß die in (2.18) definierten Funktionen Φ_j, Φ, $[\Phi]^{-1}$ Multiplikatoren vom Typ $(\mathsf{L}^p, \mathsf{L}^p)$ sind. Hierzu benutzen wir einen Multiplikatorensatz von Marcinkiewicz–Mikhlin [29; p. 232]:
Die Funktion $\psi(v)$ erfülle im E_n mit möglicher Ausnahme des Nullpunktes die folgenden Bedingungen: $\psi(v)$ ist stetig, und $(\partial^n/\partial v_1 \ldots \partial v_n)\, \psi(v)$ existiert überall, und alle vorhergehenden Ableitungen sind stetig; ferner gelte für $0 \leqq k \leqq n$ und $1 \leqq j_1 < j_2 < \cdots < j_k \leqq n$

$$|v|^k\, (\partial^k \psi(v)/\partial v_{j_1} \ldots \partial v_{j_k})| \leqq M. \tag{2.19}$$

Dann ist ψ ein Multiplikator vom Typ $(\mathsf{L}^p, \mathsf{L}^p)$ für $1 < p \leqq 2$.
Offensichtlich brauchen wir für die Funktionen Φ_j, Φ, $[\Phi]^{-1}$ nur die Bedingung (2.19) zu verifizieren. (Für $0 < \lambda \leqq 1$ benötigen wir die geringfügige Verschärfung des obigen Kriteriums, daß endlich viele Sprungstellen in den einzelnen Variablen zugelassen sind (vgl. Görlich [22]).) Da

$$\frac{\partial^k \Phi_j(v)}{\partial v_{j_1} \ldots \partial v_{j_k}} = (-1)^{k-1}\,(k-1)! \prod_{l=1}^{k} (\lambda \operatorname{sgn} v_{j_l} |v_{j_l}|^{\lambda-1})\, [\sum_{m=1}^{n} |v_m|^\lambda]^{-k}\, B_l$$

wobei $B_l = \{\delta_{j,j_l} - k\, |v_j|^\lambda\, [\sum_{m=1}^{n} |v_m|^\lambda]^{-1}\}$ und δ_{j,j_l} das Kronecker-Symbol ist, folgt insbesondere die Gültigkeit von (2.19) für Φ_j.
Wählen wir $\psi = \Phi$, so gilt

$$\frac{\partial^k \Phi(v)}{\partial v_{j_1} \ldots \partial v_{j_k}} = \sum_{s=0}^{k} (-1)^s\, s!\, [\sum_{m=1}^{n} |v_m|^\lambda]^{-1-s} \lambda(\lambda-2) \ldots (\lambda - 2(k-1-s))\, |v|^{\lambda-2(k-s)}\, B_s,$$

wobei $B_s = \sum_j \prod_{l=1}^{k-s} v_{j_l} \prod_{l=k-s+1}^{k} (\lambda \operatorname{sgn} v_{j_l} |v_{j_l}|^{\lambda-1})$ und die Summe über j für festes s sich über $\binom{k}{s}$ verschiedene Mengen mit $(k-s)$ Elementen aus $\{j_1, \ldots, j_k\}$ erstreckt.
Aus dieser Darstellung läßt sich die Bedingung (2.19) wieder leicht nachweisen. Analog behandelt man $\psi = [\Phi]^{-1}$. Hieraus folgt $\Phi_j, \Phi, [\Phi]^{-1} \in (\mathsf{L}^p, \mathsf{L}^p)$, falls nur $\lambda > 0$ gewählt ist. Bei analoger Beweisführung wie im Falle $p = 2$ erhalten wir schließlich

Satz 2.12. *Für $f \in \mathsf{L}^p$, $1 < p \leqq 2$, und $\alpha = (\lambda, \ldots, \lambda)$ mit $\lambda > 0$ sind folgende Aussagen äquivalent:*

$$\text{a)}\quad f \in \mathsf{V}^p_\alpha, \qquad \text{b)}\quad f \in \mathsf{X}^p_\lambda, \qquad \text{c)}\quad f \in \mathsf{W}^p_\lambda.$$

Insbesondere ergibt sich als interessante

Folgerung 2.13. *Für $f \in \mathsf{L}^p$, $1 < p \leqq 2$, und $0 < \lambda < 2\,s$ gilt die Bedingung*

$$\sum_{j=1}^{n} \Big\| \int_{|\eta| \geqq \varepsilon} |\eta|^{-1-\lambda} \bar{\Delta}^{2s}_{\eta e^j} f(\cdot)\, d\eta \Big\|_p = O(1) \qquad (\varepsilon > 0)$$

genau dann, wenn

$$(2.20)\qquad \Big\| \int_{|u| \geqq \varepsilon} |u|^{-n-\lambda} \bar{\Delta}^{2s}_u f(\cdot)\, du \Big\|_p = O(1) \qquad (\varepsilon > 0).$$

(In (2.20) erstreckt sich die Integration über den E_n mit Ausnahme einer ε-Kugel um den Nullpunkt; vgl. TREBELS [40]). Die Bedingung (2.20) im Falle $s = 1$, $0 < \lambda < 2$, wurde als Charakterisierung für die Klasse W^p_λ, $p > 1$, im wesentlichen von STEIN [37] angegeben. Auf eine breite Wiedergabe von äquivalenten Charakterisierungen der Klasse W^p_λ für $p > 1$, $\lambda > 0$ verzichten wir und verweisen auf die bereits zitierten Arbeiten.

Im Falle $p = 1$ versagt der obige Multiplikatorensatz, der bei geeigneter Abänderung sogar für $2 < p < \infty$ gilt, und ähnlich geartete Sätze sind nicht bekannt. Für die Klasse V^1_α können wir nur einige Inklusionen ableiten. Wir zeigen

Satz 2.14. *Für $f \in \mathsf{L}^1$, $\alpha = (\lambda, \ldots, \lambda)$, $\beta = (\sigma, \ldots, \sigma)$ und $0 < \sigma < \varkappa < \lambda$ gelten die (mengentheoretischen) Inklusionen*

$$\mathsf{V}^1_\alpha \subset \mathsf{W}^1_\varkappa \subset \mathsf{V}^1_\beta.$$

Beweis: Mit Satz 2.09 und Lemma 2.04 folgt aus $f \in \mathsf{V}^1_\alpha$, daß $(\partial/\partial x_j)^k f \in \mathsf{L}^1 \cap \mathsf{Lip}_j(\lambda - k, 2; 1)$, falls k hier die größte ganze Zahl echt kleiner λ bedeutet. Nach einem Ergebnis von NIKOLSKIĬ [32; p. 72] existieren dann alle partiellen Ableitungen von f (nicht nur die ungemischten) bis einschließlich der Ordnung k und $D^r f \in \mathsf{L}^1 \cap \mathsf{Lip}_j(\lambda - k, 1; 1)$, $1 \leqq j \leqq n$, falls $\lambda - k < 1$, und $D^r f \in \mathsf{L}^1 \cap \mathsf{Lip}_j(1, 2; 1)$, falls $\lambda - k = 1$. Hierbei ist D^r der Differentialoperator $D^r = \partial^k/\partial x_1^{r_1} \ldots \partial x_n^{r_n}$, wo $r = (r_1, \ldots, r_n)$ und $k = \sum_{j=1}^{n} r_j$, $r_j \in N$. Aus letzterer Aussage gewinnen wir wie in Satz 2.09 Funktionen $g_{\lambda'} \in \mathsf{L}^1$ mit $|v_j|^{\lambda'} [D^r f]^{\wedge}(v) = \widehat{g_{\lambda'}}(v)$ für alle $0 < \lambda' < 1$, und hieraus folgt mit Lemma 2.07 $D^r f \in \mathsf{L}^1 \cap \mathsf{Lip}_j(\lambda', 1; 1)$. Wegen

$$\|f(\cdot + h) - f(\cdot)\|_1 \leqq \sum_{m=1}^{n} \Big\| f\Big(\cdot + \sum_{j=1}^{m} h_j e^j\Big) - f\Big(\cdot + \sum_{j=1}^{m-1} h_j e^j\Big) \Big\|_1$$

schließen wir zusammenfassend aus $f \in \mathsf{V}^1_\alpha$ auf $D^r f \in \mathsf{L}^1 \cap \mathsf{Lip}(\lambda - k, 1; 1)$, falls $\lambda - k < 1$, bzw. auf $D^r f \in \mathsf{L}^1 \cap \mathsf{Lip}(\lambda', 1; 1)$ für alle $0 < \lambda' < 1$, falls $\lambda - k = 1$. Nach der Theorie der Lipschitzräume (vgl. BUTZER–BERENS [14; p. 259]) ist letztere Aussage äquivalent zu $f \in \mathsf{L}^1 \cap \mathsf{Lip}(\lambda, k + 1; 1)$, falls λ nicht ganzzahlig ist, bzw. $f \in \mathsf{L}^1 \cap \mathsf{Lip}(\delta, k + 1; 1)$ für jedes $0 < \delta < \lambda$, falls λ ganzzahlig. Dann bildet aber

$$C^*(\varkappa, 2\,s; n) \int_{|u| \geqq \varepsilon} |u|^{-n-\varkappa} \bar{\Delta}^{2s}_u f(\cdot)\, du$$

mit passender Normierungskonstanten $C^*(\varkappa, 2s; n)$ für alle $\varkappa$, $0 < \varkappa < \lambda \leqq 2s$, eine Cauchyfolge in L^1 für $\varepsilon \to 0+$ (vgl. Beweis zu Satz 2.09). Auf Grund der Vollständigkeit des Raumes L^1 existiert $g \in \mathsf{L}^1$ mit

$$\underset{\varepsilon \to 0+}{\text{s-lim}}\, C^*(\varkappa, 2s; n) \int_{|u| \geqq \varepsilon} |u|^{-n-\varkappa} \bar{\Delta}_u^{2s} f du = g.$$

Beachtet man die Beziehung

$$C^*(\varkappa, 2s; n) \int_{E_n} |u|^{-n-\varkappa} (e^{\frac{i}{2} u \cdot v} - e^{-\frac{i}{2} u \cdot v})^{2s} du = |v|^{\varkappa},$$

so folgert man analog zu Teil i) des Beweises zu Satz 2.09, daß $|v|^{\varkappa} f^{\wedge}(v) = g^{\wedge}(v)$, d. h. $f \in \mathsf{W}_{\varkappa}^1$ oder $\mathsf{V}_{\alpha}^1 \subset \mathsf{W}_{\varkappa}^1$ für alle $0 < \varkappa < \lambda$, $\alpha = (\lambda, \ldots, \lambda)$.
Mit einer (radialen) Übertragung des Lemma 2.04 auf n-Dimensionen (vgl. [40]) schließt man andererseits aus $f \in \mathsf{W}_{\varkappa}^1$ auf $f \in \mathsf{L}^1 \cap \mathsf{Lip}(\varkappa, 2s; 1)$, wo $0 < \varkappa < 2s$, und hieraus auf $f \in \mathsf{L}^1 \cap \mathsf{Lip}_j(\varkappa, 2s; 1)$, $1 \leqq j \leqq n$. Wie im Beweis zu Satz 2.09 ergibt sich dann $f \in \mathsf{V}_{\beta}^1$ für alle σ, $0 < \sigma < \varkappa$, $\beta = (\sigma, \ldots, \sigma)$.
Betrachten wir speziell den Fall $\alpha = (2, \ldots, 2)$, so gilt offensichtlich

$$\text{(2.21)} \qquad \mathsf{V}_{\alpha}^1 \subset \{f \in \mathsf{L}^1;\ \sum_{j=1}^{n} v_j^2 f^{\wedge}(v) = \mu^{\vee}(v),\ \mu \in \mathsf{M}\}.$$

Die Menge V_{α}^1, $\alpha = (2, \ldots, 2)$, wird weiter in Berens–Nessel [5] diskutiert; die Menge auf der rechten Seite von (2.21) wird in Butzer–Trebels [18] charakterisiert. Über eine Umkehrung der Inklusion (2.21) ist unseres Wissens nichts bekannt.

3. Lipschitzbedingungen im Falle ganzzahliger Komponenten von α

3.1 Koordinatenweise Übertragung der Hilberttransformation

Im Falle geradzahliger Komponenten α_j von α konnten wir wegen $|v_j|^{2k} f^{\wedge}(v) = (-1)^k (iv_j)^{2k} f^{\wedge}(v)$ im Satz 2.09 auf partielle Ableitungen von f in der Norm schließen. Intuitiv ist dies leicht einzusehen, wenn man die formale Regel beachtet, daß die Multiplikation mit (iv_j) im fouriertransformierten Raum gerade dem Differentialoperator $(\partial/\partial x_j)$ im Originalraum entspricht [vgl. (2.16)]. Für $\alpha_j = 2k+1$ können wir (vgl. Satz 2.09) die Existenz partieller Ableitungen von f bezüglich x_j nur bis einschließlich der Ordnung $2k$ nachweisen.
Schreiben wir nun $|v_j|^{2k+1} f^{\wedge}(v) = (-1)^k (iv_j)^{2k} |v_j| f^{\wedge}(v)$, so bietet sich an, den Faktor $|v_j|$ als Symbol (im fouriertransformierten Raum) eines noch unbestimmten Differentialoperators aufzufassen, auf den anschließend $(\partial/\partial x_j)^{2k}$ angewendet wird.
Wir bemerken, daß im Falle $n = 1$ Cooper [19] die Auflösung von $|v_j|$ durch Anwendung der Hilberttransformation H und anschließender Differentiation leistete: $|\xi| \sim (d/d\eta) H$. Hierbei erinnern wir an die Definition von H [vgl. (2.09)]:

$$Hf(\zeta) = \lim_{\varepsilon \to 0+} H_{\varepsilon} f(\zeta), \qquad H_{\varepsilon} f(\zeta) = \pi^{-1} \int_{\varepsilon \leqq |\eta| \leqq \varepsilon^{-1}} \eta^{-1} f(\zeta - \eta)\, d\eta.$$

Für $f \in L^p(E_1)$, $1 \leqq p < \infty$, existiert $Hf(\zeta)$ f. ü.; darüber hinaus hat diese Transformation für $1 < p < \infty$ nach dem Satz von Riesz folgende Eigenschaften:

i) $\| H_\varepsilon f \|_{L^p(E_1)} \leqq A_p \| f \|_{L^p(E_1)}$ *gleichmäßig in* $\varepsilon > 0$,

ii) $\lim\limits_{\varepsilon \to 0+} \| H_\varepsilon f - Hf \|_{L^p(E_1)} = 0$.

Für $f \in L^p(E_1)$, $1 < p \leqq 2$, ist schließlich die Signumregel (vgl. [17; p. 23]) gültig:

iii) $[Hf]^\wedge(\xi) = (-i \operatorname{sgn} \xi) f^\wedge(\xi)$.

(Für eine geschlossene Darstellung der eindimensionalen Theorie von H vgl. Butzer–Nessel [16; Ch. 8].) Als eine radiale Erweiterung von H auf den E_n ist die Riesztransformation R_j anzusehen, die erklärt ist durch $(1 \leqq j \leqq n)$

$$R_j f(x) = \lim_{\varepsilon \to 0+} \Gamma\left(\frac{n+1}{2}\right) \pi^{-\frac{n+1}{2}} \int\limits_{\varepsilon \leqq |y| \leqq \varepsilon^{-1}} y_j |y|^{-n-1} f(x-y)\, dy.$$

Wie bereits mehrfach erwähnt, benötigen wir hier jedoch eine koordinatenweise Übertragung von H, und wir definieren H_j mit Sokoł-Sokołowski [36] durch das Anwenden des (eindimensionalen) Operators H auf die j-te Variable:

$$(3.01) \qquad H_j f(x) = \lim_{\varepsilon \to 0+} H_{j,\varepsilon} f(x), \qquad H_{j,\varepsilon} f(x) = \pi^{-1} \int\limits_{\varepsilon \leqq |\eta| \leqq \varepsilon^{-1}} \eta^{-1} f(x - \eta e^j)\, d\eta.$$

(Eine analoge Definition für Funktionen auf dem n-dimensionalen Torus findet man bei Görlich [22].) Mit einer Beweismethode von Lizorkin [27] zeigen wir

Satz 3.01. *Sei* $f \in L^p$, $1 < p < \infty$, *und* $H_{j,\varepsilon}$ *der durch* (3.01) *definierte Operator. Dann gilt*

i) $\| H_{j,\varepsilon} f \|_p \leqq A_p \| f \|_p$,

ii) $\lim\limits_{\varepsilon \to 0+} \| H_{j,\varepsilon} f - H_j f \|_p = 0, \qquad \| H_j f \|_p \leqq A_p \| f \|_p$.

Beweis: Die Funktion $f(x)$ ist bezüglich x_j für fast alle $(x_1, \ldots, x_{j-1}, x_{j+1}, \ldots, x_n)$ zur p-ten Potenz integrierbar. Deshalb existiert $H_{j,\varepsilon} f(x)$ f. ü., ist nach dem Satz von Riesz zur p-ten Potenz in x_j integrierbar, und es gilt die Abschätzung

$$\int\limits_{E_n} |H_{j,\varepsilon} f(x)|^p\, dx = \int\limits_{E_{n-1}} \prod_{k \neq j} dx_k \int\limits_{E_1} dx_j \left| \frac{1}{\pi} \int\limits_{\varepsilon \leqq |\eta| \leqq \varepsilon^{-1}} \eta^{-1} f(x - \eta e^j)\, d\eta \right|^p$$

$$\leqq \int\limits_{E_{n-1}} \prod_{k \neq 1} dx_k A_p^p \int\limits_{E_1} |f(x)|^p\, dx_j = A_p^p \| f \|_p^p.$$

Wir müssen also nur noch ii) beweisen. Nun ist bekannt (vgl. Schwartz [35; I, p. 107)], daß jede Funktion $f \in L^p$ sich durch eine endliche Linearkombination der Form $\chi(x) = \sum_m \varphi_{1,m}(x_1) \ldots \varphi_{n,m}(x_n)$ beliebig gut approximieren läßt, wobei jedes $\varphi_{j,m}$, $1 \leqq j \leqq n$, eine stetig differenzierbare Funktion mit kompaktem Träger in E_1 ist. Diese Linearkombinationen χ bilden demnach eine dichte Menge in L^p. Da

$$H_{j,\varepsilon} \chi(x) = \sum_m \prod_{k \neq j} \varphi_{k,m}(x_k) \frac{1}{\pi} \int\limits_{\varepsilon \leqq |\eta| \leqq \varepsilon^{-1}} \eta^{-1} \varphi_{j,m}(x_j - \eta)\, d\eta,$$

folgt mit der Eigenschaft ii) des Satzes von Riesz insbesondere

$$\| H_{j,\varepsilon}\chi - H_j\chi \|_p$$
$$\leqq \sum_m \{ \int_{E_{n-1}} \prod_{k \neq j} |\varphi_{k,m}(x_k)|^p \, dx_k \int_{E_1} | H_{j,\varepsilon}\varphi_{j,m}(x_j) - H_j\varphi_{j,m}(x_j|)^p \, dx_j\}^{1/p} = o\,(1),$$

d. h. die Normkonvergenz auf einer dichten Teilmenge aus L^p. Mit dem Satz von Banach-Steinhaus folgt schließlich $\lim_{\varepsilon \to 0+} \| H_{j,\varepsilon} f - H_j f \|_p = 0$ und hieraus

$$\| H_j f \|_p = \lim_{\varepsilon \to 0+} \| H_{j,\varepsilon} f \|_p \leqq A_p \| f \|_p,$$

da die Konstante A_p unabhängig von $\varepsilon > 0$ ist.
Für den so eingeführten Operator H_j gilt analog zur Fouriertransformation eine sogenannte Parsevalformel.

Lemma 3.02. *Für $f \in \mathsf{L}^p$ und $g \in \mathsf{L}^{p'}$, $1 < p < \infty$, folgt*

$$\int_{E_n} f(x)\,(H_j g)\,(x)\,dx = - \int_{E_n} (H_j f)\,(x)\,g(x)\,dx.$$

Beweis: Offensichtlich existieren nach der Hölder-Ungleichung die einzelnen Integrale. Wendet man den Satz von Fubini und eine Variablensubstitution an, so sieht man

$$\int_{E_n} f(x)\,(H_{j,\varepsilon} g)\,(x)\,dx = - \int_{E_n} (H_{j,\varepsilon} f)\,(x)\,g(x)\,dx.$$

Da nach Satz 3.01 $\lim_{\varepsilon \to 0+} \| H_{j,\varepsilon} f - H_j f \|_p = 0$ (analog für $g \in \mathsf{L}^{p'}$), folgt auf Grund der Hölder-Ungleichung die Behauptung des Lemmas.
Die nachfolgende Signumregel läßt intuitiv sofort erkennen, warum gerade die Transformation H_j zur Auflösung des Faktors $|v_j|$ geeignet ist.

Satz 3.03. (Signumregel) *Für $f \in \mathsf{L}^p$, $1 < p \leqq 2$, gilt*

$$[H_j f]^\wedge\,(v) = (-i \operatorname{sgn} v_j)\,f^\wedge\,(v).$$

Beweis: Wir benutzen die Linearkombination χ aus dem Beweis zu Satz 3.01 und die eindimensionale Signumregel (vgl. [17; p. 23]). Da diese Regel für alle $\varphi \in \mathsf{L}^p(E_1)$, $1 < p \leqq 2$, gültig ist, folgt insbesondere

$$[H_j \chi]^\wedge\,(v) = (-i \operatorname{sgn} v_j)\,\chi^\wedge\,(v)$$

und hieraus mit dem üblichen Dichtigkeitsargument die Behauptung:

$$\| [H_j f]^\wedge\,(v) - (-i \operatorname{sgn} v_j)\,f^\wedge\,(v) \|_{p'}$$
$$\leqq \| [H_j f]^\wedge - [H_j \chi]^\wedge \|_{p'} + \| (-i \operatorname{sgn} v_j)\,\chi^\wedge\,(v) - (-i \operatorname{sgn} v_j)\,f^\wedge\,(v) \|_{p'}$$
$$\leqq \| H_j f - H_j \chi \|_p + \| \chi^\wedge - f^\wedge \|_{p'} \leqq (1 + A_p)\,\| f - \chi \|_p = o\,(1),$$

falls nur χ hinreichend nahe an f gewählt wird. Die linke Seite ist unabhängig von χ, und mithin ist die Norm selbst Null.
Zur Vollständigkeit sei gesagt, daß unter der Voraussetzung f, $H_j f \in \mathsf{L}^1$ die Signumregel vermutlich ebenfalls gilt. Jedoch können wir bei der Charakterisierung der Favardklassen im Falle $p = 1$ auf diese Regel verzichten, indem wir Resultate von Besov und Nikolskiĭ verwenden (vgl. Satz 3.07 und 3.09).

Bemerkung 3.04. Mit dem vorigen Satz gelangen wir unmittelbar zur Deutung der Gleichung

$$(3.02)\qquad (-i\operatorname{sgn} v_j)\,(iv_j)^s f^\wedge(v) = g_s^\wedge(v) \qquad (s \in N;\ f, g_s \in \mathsf{L}^p,\ 1 < p \leqq 2).$$

Denn nach den Sätzen 3.01 und 3.03 läßt sich (3.02) auch in der Form $(iv_j)^s\,[H_j f]^\wedge(v) = g_s^\wedge(v)$ schreiben; dies bedeutet nach Satz 2.09, daß die ungemischten partiellen Ableitungen von $H_j f$ bezüglich x_j bis zur Ordnung s (einschließlich) in der Norm existieren. Multiplizieren wir (3.02) andererseits mit $(i\operatorname{sgn} v_j)$, so erhalten wir

$$(3.03)\qquad (iv_j)^s f^\wedge(v) = (i\operatorname{sgn} v_j)\, g_s^\wedge(v) = [-H_j g_s]^\wedge(v).$$

Deshalb existieren nach Satz 2.09 die (ungemischten) partiellen Ableitungen von f bezüglich x_j bis einschließlich der Ordnung s. Eine weitere Multiplikation mit $(-i\operatorname{sgn} v_l)$ gibt schließlich die Existenz von $(\partial/\partial x)^k H_l f$ in der Norm für alle $1 \leqq l \leqq n$, $0 \leqq k \leqq s$. Insbesondere erhalten wir wegen der Gleichheit der Fouriertransformierten aus (3.02) und (3.03), daß im Raume L^p, $1 < p \leqq 2$, die Operationen der partiellen Differentiation und der koordinatenweisen Hilberttransformation (in der Norm) kommutativ sind:

$$(3.04)\qquad (\partial/\partial x_j)^k\,(H_l f)(x) = H_l((\partial/\partial x_j)^k f)(x) \qquad (k \in N,\ 1 \leqq j,\ l \leqq n).$$

Wie in der Bemerkung schon implizit enthalten, läßt sich mit der Signumregel der zu H_j inverse Operator bestimmen.

Lemma 3.05. *Für $f \in \mathsf{L}^p$, $1 < p < \infty$, gilt $H_j(H_j f)(x) = -f(x)$.*
Beweis: Offensichtlich existiert nach Satz 3.01 $H_j(H_j f)$, und für $1 < p \leqq 2$ folgt mit Satz 3.03

$$[H_j(H_j f)]^\wedge(v) = (-i\operatorname{sgn} v_j)\,(-i\operatorname{sgn} v_j)\, f^\wedge(v) = -f^\wedge(v).$$

Auf Grund des Eindeutigkeitssatzes beinhaltet diese Beziehung die Behauptung für $1 < p \leqq 2$. Für $p > 2$ bilden wir mit $g \in \mathsf{L}^{p'}$ das Funktional

$$\Lambda(g) = \int_{E_n} \{H_j(H_j f)(x) + f(x)\}\, g(x)\, dx$$

Benutzen wir nun Lemma 3.02 zweimal, verbunden mit der Behauptung für $g \in \mathsf{L}^{p'}$, $1 < p' < 2$, so folgt $\Lambda(g) = 0$ für alle $g \in \mathsf{L}^{p'}$. Dann kann Λ aber nur das Nullfunktional sein, und wir erhalten mit Hilfe des Rieszschen Darstellungssatzes

$$0 = \|\Lambda\| = \|H_j(H_j f) + f\|_p.$$

Schließlich benötigen wir noch ein Ergebnis von Nikolskiĭ und die folgende schwache Form eines Satzes von Privalov.

Lemma 3.06. *Sei $f \in \mathsf{L}^1 \cap \mathsf{Lip}\,(\lambda, 1; 1)$ mit $0 < \lambda < 1$. Dann folgt*

i) $f \in \mathsf{L}^1 \cap \mathsf{L}^{p_0}$ *und* $f \in \mathsf{Lip}\,(\varkappa, 1; p_0)$, *wo* $p_0 > 1$ *und* $\varkappa = \lambda - n\left(1 - \dfrac{1}{p_0}\right) > 0$;

ii) $H_j f(x)$ *existiert f. ü. und* $H_j f \in \mathsf{Lip}_j\,(\lambda, 1; 1)$, $1 \leqq j \leqq n$.

Beweis: i) stellt gerade das Ergebnis von Nikolskiĭ dar [32; p. 59]. Zu ii) bemerken wir, daß wegen i) und Satz 3.01 $H_j f(x)$ offensichtlich f. ü. existiert. Zum Nachweis der Lipschitzbedingung benutzen wir den eindimensionalen, konjugierten Poissonkern (vgl. Butzer–Trebels [17; p. 20]). Setzen wir

$$Q_j(f; x; \delta) = \pi^{-1} \int_{-\infty}^{\infty} \eta(\eta^2 + \delta^2)^{-1} f(x - \eta e^j)\, d\eta \qquad (\delta > 0),$$

so folgt für die Differenz

$$Q_j(f; x; \delta) - H_j f(x) = -\delta^2 \pi^{-1} \int\limits_0^\infty [\eta(\eta^2 + \delta^2)]^{-1} \{f(x - \eta e^j) - f(x + \eta e^j)\} \, d\eta.$$

Da nach Voraussetzung insbesondere $f \in \mathsf{Lip}_j(\lambda, 1; 1)$, existiert nach der verallgemeinerten Minkowski-Ungleichung die Differenz in der L^1-Norm und

$$\| Q_j(f; \cdot\,; \delta) - H_j f(\cdot) \|_1 = O(\delta^2 \int\limits_0^\infty \eta^\lambda [\eta(\eta^2 + \delta^2)]^{-1} \, d\eta) = O(\delta^\lambda).$$

Analog wie Butzer–Trebels [17; p. 20] folgt durch Ausrechnen

$$\begin{aligned} \| (\partial/\partial x_j) Q_j(f; \cdot\,; \delta) \|_1 &= \| \pi^{-1} \int\limits_{-\infty}^{\infty} (\delta^2 - \eta^2)(\delta^2 + \eta^2)^{-2} \{f(x - \eta e^j) - f(x)\} \, d\eta \|_1 \\ &= O(\delta^{\lambda - 1} \int\limits_{-\infty}^{\infty} |\eta|^\lambda \, |1 - \eta^2| \, (1 + \eta^2)^{-2} \, d\eta) = O(\delta^{\lambda - 1}). \end{aligned}$$

Mit Hilfe der gewöhnlichen Minkowski-Ungleichung ergibt sich nun die Behauptung

$$\begin{aligned} \| H_j f(\cdot + \delta e^j) - H_j f(\cdot) \|_1 &\leqq \| H_j f(\cdot + \delta e^j) - Q_j(f; \cdot + \delta e^j; \delta) \|_1 \\ &+ \| Q_j(f; \cdot + \delta e^j; \delta) - Q_j(f; \cdot\,; \delta) \|_1 + \| Q_j(f; \cdot\,; \delta) - H_j f(\cdot) \|_1 \\ &= O(\delta^\lambda) + \| \int\limits_{x_j}^{x_j + \delta} (\partial/\partial y_j) Q_j(f; \cdot\,; \delta) \, dy_j \|_1 = O(\delta^\lambda) + \delta O(\delta^{\lambda - 1}) = O(\delta^\lambda). \end{aligned}$$

3.2 Ganzzahlige Komponenten von α in V^p_α

Mit Hilfe der Ergebnisse aus 3.1 wollen wir zuerst den Fall ungeradzahliger Komponenten behandeln.

Satz 3.07. *Sei $f \in \mathsf{L}^p$, $1 \leqq p \leqq 2$, und $\alpha = (2k_1 + 1, \ldots, 2k_n + 1)$, $k_j \in N$. Dann sind folgende Aussagen äquivalent:*

a) $f \in \mathsf{V}^p_\alpha$;

b) *die partiellen Ableitungen $(\partial/\partial x_j)^m H_j f$, $1 \leqq j \leqq n$, $1 \leqq m \leqq 2k_j$, existieren in der L^p-Norm und*

$$\| \Delta_{\omega e^j} (\partial/\partial x_j)^{2k_j} H_j f \|_p = O(|\omega|) \qquad (1 \leqq j \leqq n),$$

wobei im Falle $p = 1$ sogar $f \in \mathsf{L}^1 \cap \mathsf{L}^{p_0}$ mit $p_0 > 1$;

c) $$\| \Delta^{2k_j + 1}_{\omega e^j} H_j f \|_p = O(|\omega|^{2k_j + 1}) \qquad (1 \leqq j \leqq n),$$

wobei im Falle $p = 1$ wiederum $f \in \mathsf{L}^1 \cap \mathsf{L}^{p_0}$ mit $p_0 > 1$.

Im Falle $1 < p \leqq 2$ ist hierzu weiter äquivalent:

d) *es existieren Funktionen $g_j \in \mathsf{L}^p$ mit*

$$\lim_{\to 0\,\omega} \| \omega^{-2k_j - 1} \Delta^{2k_j + 1}_{\omega e^j} H_j f - g_j \|_p = 0 \qquad (1 \leqq j \leqq n);$$

e) *die partiellen Ableitungen $(\partial/\partial x_j)^m H_j f$ und* (vgl. Bemerkung 3.04) *$(\partial/\partial x_j)^m f$ existieren für $1 \leqq m \leqq 2k_j + 1$ in der Norm, $1 \leqq j \leqq n$.*

Beweis: Wir beweisen diesen Satz nur für den (schwierigeren) Fall $p = 1$. Für $1 < p \leqq 2$ verläuft der Beweisgang ganz analog, vereinfacht sich jedoch erheblich dadurch, daß der Operator H_j vom starken Typ (p, p) ist.

a) $\Rightarrow$ b) Sei zunächst $k_j = 0$ für ein j, $1 \leqq j \leqq n$.
Aus der Voraussetzung a) folgt mit Satz 2.09 und Lemma 2.07, daß $f \in \mathsf{L}^1$ Lipschitzbedingungen genügt: $f \in \mathsf{Lip}_j\,(\lambda, 1; 1)$ mit $0 < \lambda < 1$, $1 \leqq j \leqq n$. Wie in Abschnitt 2.3 bei der Behandlung des Falls $p = 1$ zeigt man, daß dieser Satz von Lipschitzbedingungen äquivalent zu $f \in \mathsf{Lip}\,(\lambda, 1; 1)$ ist. Deshalb existieren nach Lemma 3.06 sowohl die einzelnen Glieder von $\{H_j f(x + \omega e^j) - H_j f(x)\}$ als L^{p_0}-Funktionen, $p_0 > 1$, als auch die gesamte Klammer als L^1-Funktion. Auf Grund der Konsistenz der Fouriertransformation folgt dann für die L^1-Fouriertransformierte der Klammer mit Hilfe der L^p-Signumregel 3.03

$$[H_j f(\cdot + \omega e^j) - H_j f(\cdot)]^{\wedge}(v) = (e^{i\omega v_j} - 1)(-i \operatorname{sgn} v_j) f^{\wedge}(v).$$

Auf Grund der Voraussetzung gilt dann

$$[H_j f(\cdot + \omega e^j) - H_j f(\cdot)]^{\wedge}(v) = (i v_j)^{-1} (e^{i\omega v_j} - 1)\, \mu^{\vee}(v).$$

$(i\xi)^{-1}(e^{i\omega\xi} - 1)$ ist die L^1-Fouriertransformierte der charakteristischen Funktion des Intervalls $[-\omega, 0]$; deren $\mathsf{L}^1(E_1)$-Norm hat den Betrag $|\omega|$. Mit der Methode von Lemma 2.07 folgt dann

$$\| H_j f(\cdot + \omega e^j) - H_j f(\cdot)\|_1 \leqq |\omega|\, \|\mu\|_{\mathsf{M}} = O(|\omega|).$$

Sei nun $k_j \neq 0$ für ein j, $1 \leqq j \leqq n$; dann existieren nach Satz 2.09 L^1-Funktionen f_m, $1 \leqq m \leqq 2\,k_j$, mit $(-i \operatorname{sgn} v_j)(i v_j)^m f^{\wedge}(v) = f_m^{\wedge}(v)$. Speziell für $m = 1$ folgt aus

$$(e^{i\omega v_j} - 1)(-i \operatorname{sgn} v_j) f^{\wedge}(v) = (i v_j)^{-1}(e^{i\omega v_j} - 1) f_1^{\wedge}(v)$$

mit dem Eindeutigkeitssatz (vgl. den Anfang dieses Beweises und Teil b) des Beweises zu Satz 2.09)

$$\omega^{-1}\{H_j f(x + \omega e^j) - H_j f(x)\} = \omega^{-1} \int_{-\omega}^{0} f_1(x - \eta e^j)\, d\eta$$

und hieraus gerade

$$\lim_{\omega \to 0} \| \omega^{-1}\{H_j f(\cdot + \omega e^j) - H_j f(\cdot)\} - f_1(\cdot)\|_1 = 0.$$

Dies bedeutet, daß $(\partial/\partial x_j) H_j f$ in der L^1-Norm existiert. Da $[(\partial/\partial x_j) H_j f]^{\wedge}(v) = |v_j| f^{\wedge}(v)$, existieren nach Satz 2.09 auch alle $(\partial/\partial x_j)^m H_j f$, $1 \leqq m \leqq 2\,k_j$, in der L^1-Norm. Da ferner $(-1)^{k_j}(i v_j)\,[(\partial/\partial x_j)^{2k_j} H_j f]^{\wedge}(v) = \mu_j^{\vee}(v)$ nach Voraussetzung gilt, erhalten wir mit dem ersten Teil dieses Beweises den Rest der Bedingung b):

$$\| \Delta_{\omega e^j} (\partial/\partial x_j)^{2k_j} H_j f\|_1 = O(|\omega|) \qquad (1 \leqq j \leqq n).$$

b) $\Rightarrow$ c) Auf Grund der Existenz der Ableitungen in der Norm läßt sich $\Delta^{2k_j}_{\omega e^j} H_j f$ (etwa mit dualen Methoden wie in [16; Sec. 10.6]) als $2k_j$-faches iteriertes Integral von $(\partial/\partial x_j)^{2k_j} H_j f$ darstellen. Wenden wir auf $\Delta^{2k_j}_{\omega e^j} H_j f$ eine erneute Differenzbildung an, so erhalten wir

$$\Delta^{2k_j+1}_{\omega e^j} H_j f(x)$$

$$= \int_{x_j}^{x_j+\omega} d\eta_1 \int_{\eta_1}^{\eta_1+\omega} d\eta_2 \ldots \int_{\eta_{2k_j-1}}^{\eta_{2k_j-1}+\omega} \Delta_{\omega e^j} (\partial/\partial x_j)^{2k_j} H_j f(x + (\eta_{2k_j} - x_j)\, e^j)\, d\eta_{2k_j}.$$

Da das $2k_j$-fach iterierte Integral auch als $2k_j$-fache Faltung der charakteristischen Funktion des Intervalls $[-\omega, 0]$ auf der x_j-Achse mit sich und anschließender Faltung mit dem Integranden interpretiert werden kann, folgt unmittelbar

$$\| \Delta^{2k_j+1}_{\omega e^j} H_j f \|_1 \leqq |\omega|^{2k_j} \| \Delta_{\omega e^j} (\partial/\partial x_j)^{2k_j} H_j f \|_1 = O(|\omega|^{2k_j+1}).$$

Die Beweismethode c) $\Rightarrow$ a) stellt im wesentlichen eine Übertragung analoger eindimensionaler Beweise von Butzer [12] auf n Dimensionen dar.
Wie im Beweisschritt a) $\Rightarrow$ b) erhalten wir als L^1-Transformierte

$$[\Delta^{2k_j+1}_{\omega e^j} H_j f]^\wedge (v) = (e^{i\omega v_j} - 1)^{2k_j+1} (-i \operatorname{sgn} v_j) f^\wedge (v).$$

Mithin gilt folgende Abschätzung nach c) und der Titchmarsh-Ungleichung

$$\begin{aligned} \big| |v_j|^{2k_j+1} f^\wedge (v) \big| &= \lim_{\omega \to 0} |\omega^{-2k_j-1} (e^{i\omega v_j} - 1)^{2k_j+1} (-i \operatorname{sgn} v_j) f^\wedge (v)| \\ &\leqq \limsup_{\omega \to 0} \| \omega^{-2k_j-1} \Delta^{2k_j+1}_{\omega e^j} H_j f \|_1 = O(1). \end{aligned}$$

Die Funktion $|v_j|^{2k_j+1} f^\wedge (v)$ ist somit beschränkt und offensichtlich auch stetig in E_n. Wir müssen jedoch nachweisen, daß sie Fourier-Stieltjestransformierte von einem $\mu_j \in \mathsf{M}$ ist. Es genügt nach dem Cramérschen Darstellungssatz 1.06, die dortige Normbedingung nachzuweisen. Mit dem Lebesgueschen Majorantenkriterium und der Parsevalformel 1.04 folgt für jedes $\tau > 0$ [vgl. (1.04)]

$$\begin{aligned} &(2\pi)^{-n/2} \int_{E_n} e^{-\tau |v|^2} |v_j|^{2k_j+1} f^\wedge (v) e^{ix\cdot v} dv \\ &= \lim_{\omega \to 0} (2\pi)^{-n/2} \int_{E_n} e^{-\tau |v|^2} (-1)^{k_j} \omega^{-2k_j-1} (e^{i\omega v_j} - 1)^{2k_j+1} (-i \operatorname{sgn} v_j) f^\wedge (v) e^{ix\cdot v} dv \\ &= \lim_{\omega \to 0} (-1)^{k_j} \omega^{-2k_j-1} W^2 (\Delta^{2k_j+1}_{\omega e^j} H_j f; x; \tau). \end{aligned}$$

Benutzen wir nun das Lemma von Fatou, den Faltungssatz und die Voraussetzung c), so erhalten wir

$$\| (2\pi)^{-n/2} \int_{E_n} e^{-\tau |v|^2} |v_j|^{2k_j+1} f^\wedge (v) e^{ix\cdot v} dv \|_1 \leqq \liminf_{\omega \to 0} |\omega|^{-2k_j-1} \| \Delta^{2k_j+1}_{\omega e^j} H_j f \|_1 = O(1)$$

gleichmäßig in $\tau > 0$ $(1 \leqq j \leqq n)$ und hiermit auf Grund des Cramérschen Darstellungssatzes Aussage a).
Der Fall geradzahliger Komponenten von α läßt sich mit wesentlich vereinfachten analogen Beweismethoden behandeln.

Satz 3.08. *Sei* $f \in \mathsf{L}^p$, $1 \leqq p \leqq 2$, *und* $\alpha_j = 2k_j$, $k_j > 0$, $k_j \in N$. *Folgende Bedingungen sind äquivalent:*

a) $f \in \mathsf{V}^p_\alpha$;

b) *die partiellen Ableitungen* $(\partial/\partial x_j)^m f$, $0 \leqq m \leqq 2k_j - 1$, *existieren in der Norm und*

$$\| \Delta_{\omega e^j} (\partial/\partial x_j)^{2k_j-1} f \|_p = O(|\omega|) \qquad (1 \leqq j \leqq n);$$

c) $$\| \Delta^{2k_j}_{\omega e^j} f \|_p = O(|\omega|^{2k_j}) \qquad (1 \leqq j \leqq n).$$

Im Falle $1 < p \leqq 2$ *ist hierzu weiter äquivalent:*

d) *es existieren Funktionen* $g_j \in \mathsf{L}^p$ *mit*

$$\lim_{\omega \to 0} \| \omega^{-2k_j} \Delta^{2k_j}_{\omega e^j} f - g_j \|_p = 0 \qquad (1 \leqq j \leqq n);$$

e) *die partiellen Ableitungen* $(\partial/\partial x_j)^m f$, $0 \leqq m \leqq 2 k_j$, $1 \leqq j \leqq n$, *existieren in der Norm.*

Eine Kombination der Beweismethoden zu diesen beiden Sätzen ergibt schließlich den allgemeinen Fall ganzzahliger Komponenten. Wir beachten hierbei, daß nach Lemma 3.05 $H_j(H_j f) = -f$ für $f \in \mathsf{L}^p$, $p > 1$, gilt und daß somit $H_j^m f$ für beliebiges $m \in N$ erklärt ist. (H_j^0 = Identitätsoperator.) Als Anwendung wählen wir wieder das verallgemeinerte, n-parametrige Weierstraßverfahren $W(f; x; t; \alpha)$ und erhalten

Satz 3.09. *Sei* $f \in \mathsf{L}^p$, $1 \leqq p \leqq 2$, $\alpha = (\alpha_1, \ldots, \alpha_n)$ *mit* $\alpha_j > 0$ *und* $\alpha_j \in N$. *Folgende Bedingungen sind äquivalent:*

a) $\| W(f; \cdot\,; t; \alpha) - f(\cdot) \|_p = O(\sum_{j=1}^{n} t_j)$;

b) $f \in \mathsf{V}^p_\alpha$;

c) *die partiellen Ableitungen* $(\partial/\partial x_j)^m f$, $(\partial/\partial x_j)^m H_j f$ *existieren für* $1 \leqq j \leqq n$, $1 \leqq m \leqq \alpha_j - 1$ *in der Norm, wobei im Falle* $p = 1$ *sogar* $f \in \mathsf{L}^{p_0}$ *mit* $p_0 > 1$ *ist, und*

i) $\| \Delta_{\omega e^j} (\partial/\partial x_j)^{\alpha_j - 1} f \|_p = O(|\omega|)$, *falls* α_j *gerade,*

ii) $\| \Delta_{\omega e^j} (\partial/\partial x_j)^{\alpha_j - 1} H_j f \|_p = O(|\omega|)$, *falls* α_j *ungerade;*

d) $\| \Delta^{\alpha_j}_{\omega e^j} H_j^{\alpha_j} f \|_p = O(|\omega|^{\alpha_j}) \qquad (1 \leqq j \leqq n)$,

wobei im Falle $p = 1$ *wiederum* $f \in \mathsf{L}^1 \cap \mathsf{L}^{p_0}$ *mit* $p_0 > 1$ *ist.*

Im Falle $1 < p \leqq 2$ *ist hierzu weiter äquivalent:*

e) *es existieren Funktionen* $g_j \in \mathsf{L}_p$ *mit*

$$\lim_{\omega \to 0} \| \omega^{-\alpha_j} \Delta^{\alpha_j}_{\omega e^j} H_j^{\alpha_j} f - g_j \|_p = 0 \qquad (1 \leqq j \leqq n);$$

f) *die partiellen Ableitungen* $(\partial/\partial x_j)^m f$, $(\partial/\partial x_j)^m H_j f$ *existieren für* $1 \leqq m \leqq \alpha_j$, $1 \leqq j \leqq n$, *in der Norm.*

Speziell entnehmen wir aus der Äquivalenz e) die Aussage $((\partial/\partial x_j) H_j)^m f \in \mathsf{L}^p$ für $1 \leqq m \leqq \alpha_j$. Hierbei erklären wir iterativ $((\partial/\partial x_j) H_j)^m f = ((\partial/\partial x_j) H_j)((\partial/\partial x_j) H_j)^{m-1} f$ für $m = 2, 3, \ldots$ und für $m = 1$ durch $((\partial/\partial x_j) H_j) f = (\partial/\partial x_j)(H_j f)$.
Im nachfolgenden Abschnitt wollen wir uns analog zu Abschnitt 2.2 mit Charakterisierungen der Saturationsklasse von $J(f; x; r)$ – durch Abschnitt 1.3 gegeben – im Falle ganzzahliger Komponenten α_j für $2 < p < \infty$ befassen.

3.3 Erweiterung der Ergebnisse aus 3.2 auf L^p, $2 < p < \infty$

Wir interpretieren zunächst die in Satz 2.06 gegebenen »Ableitungen« $D_j^{\{\alpha_j\}} \Phi$, $1 \leqq j \leqq n$, für $\Phi \in \mathsf{V}^{p'}_\alpha$, $1 < p' < 2$ (α_j ganzzahlig). Aus Satz 2.09 entnehmen wir, daß für geradzahlige α_j gerade $D_j^{\{\alpha_j\}} \Phi = (-1)^{\alpha_j/2} (\partial/\partial x_j)^{\alpha_j} \Phi$ ist, wobei alle Ableitungen $(\partial/\partial x_j)^m \Phi$, $1 \leqq m \leqq \alpha_j$, in der $\mathsf{L}^{p'}$-Norm existieren. Für ungeradzahlige Komponenten α_j folgt ebenfalls mit Satz 2.09, Satz 3.03 sowie Bemerkung 3.04, daß $D_j^{\{\alpha_j\}} \Phi = (-1)^{(\alpha_j-1)/2} (\partial/\partial x_j)^{\alpha_j} H_j \Phi$, wobei alle partiellen (bezüglich x_j) Ableitungen niedriger Ordnung ebenfalls in der Norm existieren. Insbesondere können wir hieraus auf Grund der Bemerkung nach Satz 3.09 die Aussage

$$D_j^{\{\alpha_j\}} \Phi(x) = (\partial/\partial x_j)^{\alpha_j} H_j^{\alpha_j} \Phi(x) \tag{3.05}$$

gewinnen. Es gilt

Satz 3.10. *Für $f \in \mathsf{L}^p$, $2 < p < \infty$, $J(f; x; r)$ aus Abschnitt 1.3 und $\alpha = (\alpha_1, \ldots, \alpha_n)$ mit positivem $\alpha_j \in N$ sind folgende Aussagen äquivalent:*

a) $\|J(f; \cdot\,; r) - f(\cdot)\|_p = O\left(\sum_{j=1}^{n} r_j^{-\alpha_j}\right)$;

b) *alle partiellen Ableitungen $(\partial/\partial x_j)^m f$, $(\partial/\partial x_j)^m H_j f$, $1 \leqq m \leqq \alpha_j$, $1 \leqq j \leqq n$, existieren in der Norm;*

c) $\|\Delta_{\omega e^j}^{\alpha_j} H_j^{\alpha_j} f\|_p = O(|\omega|^{\alpha_j})$ $\qquad (1 \leqq j \leqq n)$.

Beweis: Einige der Beweiselemente sind aus Butzer–Nessel [16; Sec. 10.6] übertragen worden. a) $\Rightarrow$ b) Mit Hilfe von Satz 2.06, Aussage c), folgt aus obiger Bedingung a) gerade die Existenz von Funktionen $g_j \in \mathsf{L}^p$ mit

$$\int_{E_n} f(x)\, C_j[D_j^{\{\alpha_j\}} \Phi](x)\, dx = (-1)^{\alpha_j} \int_{E_n} g_j(x) \Phi(x)\, dx \qquad (1 \leqq j \leqq n) \tag{3.06}$$

für jedes $\Phi \in \mathsf{V}_\alpha^{p'}$, $1 < p' < 2$. Insbesondere ist $\mathsf{C}_{00}^\infty \subset \mathsf{V}_\alpha^{p'}$; denn ist $f \in \mathsf{C}_{00}^\infty$, so ist f mit Ableitungen beliebiger Ordnung aus $\mathsf{L}^{p'}$. Mit der Argumentation (2.16) ergibt sich dann unmittelbar, daß $(iv_j)^s f^\wedge(v) = \hat{g}_{j,s}(v)$, $g_{j,s} \in \mathsf{L}^{p'}$, $1 \leqq j \leqq n$, $s \in N$ groß genug. Mit Satz 2.09 ist damit (3.06) gültig für alle $\Phi \in \mathsf{C}_{00}^\infty$. Insbesondere gilt dann wegen (3.04), (3.05) und Lemma 3.02 die Relation

$$\begin{aligned} &\int_{E_n} C_j H_j^{\alpha_j} f(x)\, (\partial/\partial x_j)^{\alpha_j} \Phi(x - (\eta_1 + \cdots + \eta_{\alpha_j}) e^j)\, dx \\ &\quad = \int_{E_n} g_j(x + (\eta_1 + \cdots + \eta_{\alpha_j}) e^j)\, \Phi(x)\, dx \end{aligned} \tag{3.07}$$

für alle $\eta_k \in E_1$, $1 \leqq k \leqq \alpha_j$. Mit dem Satz von Fubini und einer Integration von (3.07) über $\eta_k \in [0, \omega]$, $1 \leqq k \leqq \alpha_j$, folgt nach einer offensichtlichen Variablensubstitution

$$\begin{aligned} &(-1)^{\alpha_j} \int_{E_n} C_j\, \Delta_{\omega e^j}^{\alpha_j} H_j^{\alpha_j} f(x)\, \Phi(x)\, dx \\ &\quad = \int_{E_n} \left(\int_0^\omega \cdots \int_0^\omega g_j(x + (\eta_1 + \cdots + \eta_{\alpha_j}) e^j)\, d\eta_1 \ldots d\eta_{\alpha_j} \right) \Phi(x)\, dx. \end{aligned}$$

Da C_{00}^∞ dicht in $\mathsf{L}^{p'}$ liegt, ergibt sich

$$C_j \Delta_{\omega e^j}^{\alpha_j} H_j^{\alpha_j} f(x) = \int_0^\omega \cdots \int_0^\omega g_j(x + (\eta_1 + \cdots + \eta_{\alpha_j}) e^j)\, d\eta_1 \ldots d\eta_{\alpha_j}.$$

Ist α_j gerade, so folgt mit dem Faltungssatz unmittelbar $f \in \mathsf{Lip}_j(\alpha_j, \alpha_j; p)$; ist α_j ungerade, so ist $H_j f \in \mathsf{Lip}_j(\alpha_j, \alpha_j; p)$ und mit Satz 3.01 auch f, also $f \in \mathsf{Lip}_j(\alpha_j, \alpha_j; p)$,

$1 \leqq j \leqq n$. Mit Ergebnissen von Besov [6] (Fußnote 1, p. 90, Satz 1.1, Lemma 1.1, Satz 2.1, und Fußnote 2, p. 114) folgt (vgl. auch Berens [3]), daß die ungemischten partiellen Ableitungen von f bis zur Ordnung $\alpha_j - 1$ als L^p-Funktionen im Sobolevschen Sinne existieren. Wir benötigen noch die Existenz der verallgemeinerten α_j-ten Ableitung als L^p-Funktion. Für gerade α_j folgt dies wegen (3.05) unmittelbar aus (3.06); für ungerade α_j ist nach Satz 2.09 wiederum $(1 \leqq j \leqq n)$

$$\mathsf{C}_{00}^{\infty} \subset \{\Phi \in \mathsf{L}^{p'},\ (-i \operatorname{sgn} v_j)\, |v_j|^{\alpha_j}\, \Phi^{\wedge}(v) = \psi^{\wedge}(v),\ \psi \in \mathsf{L}^{p'},\ 1 < p' \leqq 2\}$$

und also mit Hilfe der Signumregel 3.03 $H_j\Phi \in \mathsf{V}_{\alpha}^{p'}$ Aus (3.06) schließen wir dann mit (3.04) und der Parsevalformel 3.02

$$\int_{E_n} C_j H_j^{\alpha_j} f(x)\, (\partial/\partial x_j)^{\alpha_j} H_j\Phi(x)\, dx = -\int_{E_n} C_j H_j^{\alpha_j+1} f(x)\, (\partial/\partial x_j)^{\alpha_j} \Phi(x)\, dx$$
$$= \int_{E_n} g_j(x)\, \Phi(x)\, dx,$$

d. h. auch in diesem Falle ist die α_j-te ungemischte partielle Ableitung bezüglich x_j von f im Sobolevschen Sinne eine L^p-Funktion.

Nun können wir aus der Existenz von Ableitungen im Sobolevschen Sinne auf Normableitungen schließen. Denn hinsichtlich der ersten partiellen Ableitung von f ergibt sich aus

$$-\int_{E_n} f(x)\, (\partial/\partial x_j)\, \Phi(x + \eta e^j)\, dx = \int_{E_n} h(x)\, \Phi(x + \eta e^j)\, dx$$

mit dem Satz von Fubini, einer Integration über $\eta \in [0, \omega]$ und einer Variablensubstitution wie zu Anfang des Beweises die Relation

$$f(x + \omega e^j) - f(x) = \int_0^{\omega} h(x + \eta e^j)\, d\eta$$

und hieraus die Normkonvergenz von $\omega^{-1} \Delta_{\omega e^j} f$ gegen h. Bei iterativer Anwendung dieses Arguments erhalten wir die gewünschten Differenzierbarkeitsbedingungen von f in der Norm.

Bei $H_j f$ gehen wir analog vor. Zunächst folgt mit Satz 3.01 aus $f \in \mathsf{Lip}_j\,(\alpha_j, \alpha_j; p)$, $1 \leqq j \leqq n$, trivialerweise $H_k f \in \mathsf{Lip}_j\,(\alpha_j, \alpha_j; p)$, $1 \leqq k,\ j \leqq n$, und hieraus mit dem Besovschen Ergebnis die Existenz der ungemischten partiellen Ableitung von $H_k f$, $1 \leqq k \leqq n$, bis einschließlich der Ordnung $\alpha_j - 1$. Der Fall α_j läßt sich für $H_j f$ analog zu f diskutieren und liefert die Existenz der α_j-ten (ungemischten) partiellen Ableitung von $H_j f$ (im Sobolevschen Sinne) in L^p. Setzt man speziell $k = j$, so erhält man wieder die Normkonvergenz der entsprechenden Differenzenquotienten von $H_j f$. Der Beweis der Richtung b) $\Rightarrow$ c) verläuft analog zum Beweis b) $\Rightarrow$ c) des Satzes 3.07.

c) $\Rightarrow$ a) Wir betrachten das Funktional

$$\Lambda_{j,\omega}(f) = \int_{E_n} C_j \omega^{-\alpha_j} \Delta_{\omega e^j}^{\alpha_j} H_j^{\alpha_j} f(x)\, \Phi(x)\, dx \qquad (1 \leqq j \leqq n)$$

für $\Phi \in \mathsf{C}_{00}^{\infty}$. Auf Grund der schwachen Kompaktheit in L^p existiert eine Teilfolge ω_l und eine Funktion $g_j \in \mathsf{L}^p$ mit

$$\lim_{l \to \infty} \Lambda_{j,\omega_l}(f) = \int_{E_n} g_j(x)\, \Phi(x)\, dx. \tag{3.08}$$

Da andererseits nach Lemma 3.02

$$\Lambda_{j,\omega}(f) = \int_{E_n} C_j f(x)\, \omega^{-\alpha_j} \Delta^{\alpha_j}_{-\omega e^j} (-1)^{\alpha_j} H_j^{\alpha_j} \Phi(x)\, dx$$

und wegen $\Phi \in \mathsf{C}_{00}^{\infty}$ auch

$$\underset{\omega \to 0}{\text{s-lim}}\, (-\omega)^{-\alpha_j} \Delta^{\alpha_j}_{-\omega e^j} H_j^{\alpha_j} \Phi = (\partial/\partial x_j)^{\alpha_j} H_j^{\alpha_j} \Phi \equiv D_j^{\{\alpha_j\}} \Phi,$$

folgt mit Hilfe der Hölder-Ungleichung

$$\lim_{\omega \to 0} \Lambda_{j,\omega}(f) = \int_{E_n} C_j f(x)\, D_j^{\{\alpha_j\}} \Phi(x)\, dx \qquad (1 \leqq j \leqq n). \tag{3.09}$$

Mit Hilfe von Satz 2.06 c) $\Rightarrow$ a) ergibt sich aus (3.08) und (3.09) gerade a).
Wir möchten noch bemerken, daß Aussage b) des Satzes 3.09 implizit im vorangegangenen Beweis auch für $2 < p < \infty$ als Äquivalenz zu den übrigen Eigenschaften bewiesen wurde. Für ganzzahlige Komponenten von α fassen wir einige unserer Ergebnisse für das verallgemeinerte, n-parametrige Weierstraßverfahren noch kurz in einem Satz zusammen.

Satz 3.11. *Sei $f \in \mathsf{L}^p$, $1 \leqq p < \infty$, $\alpha = (\alpha_1, \ldots, \alpha_n)$ mit positivem $\alpha_j \in N$. Folgende Bedingungen sind äquivalent:*

a) $\| W(f; \cdot\,; t; \alpha) - f(\cdot) \|_p = O\left(\sum_{j=1}^{n} t_j\right)$;

b) $\sum_{j=1}^{n} \left\| [C(\alpha_j, 2 s_j)]^{-1} \int_{|\eta| \geqq \varepsilon} |\eta|^{-1-\alpha_j} \bar{\Delta}^{2 s_j}_{\eta e^j} f(\cdot)\, d\eta \right\|_p = O(1) \qquad (\varepsilon > 0)$,

wo $s_j \in N$ mit $0 < \alpha_j < 2 s_j$ und $C(\alpha_j, 2 s_j)$ eine Konstante bezüglich f und p ist;

c) *die partiellen Ableitungen $(\partial/\partial x_j)^m f$, $(\partial/\partial x_j)^m H_j f$ existieren für $1 \leqq m \leqq \alpha_j - 1$ in der Norm, wobei im Falle $p = 1$ sogar $f \in \mathsf{L}^{p_0}$ mit $p_0 > 1$, und es gilt für $1 \leqq j \leqq n$*

i) $\| \Delta_{\omega e^j} (\partial/\partial x_j)^{\alpha_j - 1} f \|_p = O(|\omega|)$, *falls α_j geradzahlig,*

ii) $\| \Delta_{\omega e^j} (\partial/\partial x_j)^{\alpha_j - 1} H_j f \|_p = O(|\omega|)$, *falls α_j ungeradzahlig;*

d) $\| \Delta^{\alpha_j}_{\omega e^j} H_j^{\alpha_j} f \|_p = O(|\omega|^{\alpha_j}) \qquad (1 \leqq j \leqq n)$,

wobei im Falle $p = 1$ wiederum $f \in \mathsf{L}^1 \cap \mathsf{L}^{p_0}$ mit $p_0 = p_0(\alpha) > 1$ ist.

Görlich [22] erhält für L^p-Funktionen ($p > 1$) auf dem n-dimensionalen Torus den Bedingungen a), c) und d) analoge Aussagen.

3.4 Anwendungen auf partielle Differentialgleichungen

Die Wärmeleitungsgleichung mit Anfangswert f ist in einem n-dimensionalen, homogenen Körper gegeben durch

$$\sum_{j=1}^{n} (\partial/\partial x_j)^2 g(x, \tau) - (\partial/\partial \tau)\, g(x, \tau) = 0, \quad g(x, 0) = f(x).$$

Die Lösung stellt sich als das Weierstraßintegral $W^2(f; x; \tau)$ [vgl. (1.04)] dar. Die Saturationsklasse gibt gerade die Menge der Funktionen an, die durch das Weierstraßintegral optimal approximiert werden können. Hierbei interpretieren wir die Ordnung der Approximationsgeschwindigkeit als ein Maß dafür, wie schnell die Lösung der Wärmeleitungsgleichung vom Anfangswert f variiert.

Nehmen wir nun statt eines isotropen Körpers einen nichtisotropen an, der nur eine Wärmeverteilung längs der Koordinatenachse x_j gestattet (unabhängig von den übrigen Achsen), so müssen wir das Problem

$$(3.10) \qquad (\partial/\partial x_j)^2 g(x, \tau) - (\partial/\partial \tau) g(x, \tau) = 0, \quad g(x, 0) = f(x)$$

betrachten. Mit der Fouriertransformationsmethode (vgl. [13]) erhält man als Lösung gerade $W_j(f; x; \tau; 2)$. (Mit ähnlichen Methoden, wie sie hier in der Arbeit verwendet wurden, behandelt man auch Körper, die eine Wärmeverteilung auf einer $(n-k)$-dimensionalen Hyperebene $(1 \leqq k \leqq n-2)$ zulassen.)

Wir verallgemeinern nun das Anfangswertproblem (3.10) dahingehend, daß wir einen Satz allgemeiner Diffusionsgleichungen (vgl. Bochner [7]) zulassen, von denen jede das Verhalten der Lösung längs einer Koordinatenachse unabhängig von den übrigen beschreibt

$$(3.11) \qquad -\{-(\partial/\partial x_j)^2\}^{\alpha_j/2} g(x, t) = (\partial/\partial t_j) g(x, t), \quad g(x, 0) = f(x)$$

für alle j, $1 \leqq j \leqq n$.

Hierbei soll der Anfangswert $f \in \mathsf{L}^1 \cap \mathsf{L}^\infty$ stetig in der L^p-Norm angenommen werden: $\lim_{|t| \to 0} \| g(\cdot, t) - f(\cdot) \|_p = 0$. Unter dem Symbol $\{-(\partial/\partial x_j)^2\}^{\alpha_j/2}$ verstehen wir hier mit Bochner $\{-(\partial/\partial x_j)^2\}^{\alpha_j/2} = D_j^{\{\alpha_j\}}$, wobei wir für ganzzahlige α_j an die Interpretation $D_j^{\{\alpha_j\}} = (\partial/\partial x_j)^{\alpha_j} H_j^{\alpha_j}$ aus Abschnitt 3.3, für beliebiges gebrochenes $\alpha_j > 0$ an

$$D_j^{\{\alpha_j\}} f \equiv ((\partial/\partial x_j) H_j)^{\alpha_j} = \text{s-}\lim_{\varepsilon \to 0+} [C(\alpha_j; 2s)]^{-1} \int_{|\eta| \geqq \varepsilon} |\eta|^{-1-\alpha_j} \bar{\Delta}^{2s}_{\eta e^j} f d\eta$$

erinnern.

Wir fassen nun das Anfangswertproblem (3.11) koordinatenweise auf und wenden die Fouriertransformationsmethode an. Mit Satz 2.03 gilt

$$[-\{-(\partial/\partial x_j)^2\}^{\alpha_j/2} g(x, t)]^\wedge(v) = -|v_j|^{\alpha_j} [(\partial/\partial t_j) g(x, t)]^\wedge(v) = (\partial/\partial t_j) g^\wedge(v, t).$$

Dies ist ein System gewöhnlicher Differentialgleichungen in t_j, das sich elementar nach $g^\wedge$ auflösen läßt. Berücksichtigen wir den Anfangswert f, so folgt

$$g^\wedge(v, t) = f^\wedge(v) \exp\{-\sum_{j=1}^{n} t_j |v_j|^{\alpha_j}\}$$

und hieraus mit Hilfe des Eindeutigkeitssatzes gerade das verallgemeinerte n-parametrige Weierstraßintegral $W(f; x; t; \alpha)$. Durch Verifizieren der Bedingungen, die an eine Lösung von (3.11) gestellt sind, bestätigt man $W(f; x; t; \alpha)$ als Lösung von (3.11). Hierüber hinaus ist $W(f; x; t; \alpha)$ auch vom Blickpunkt der Halbgruppentheorie interessant; denn $W(f; x; t; \alpha)$ stellt eine n-parametrige Halbgruppe der Klasse (C_0) dar. Als infinitesimale Erzeuger F_j dieser Halbgruppe lassen sich die Operatoren $F_j = \{-(\partial/\partial x_j)^2\}^{\alpha_j/2}$, $1 \leqq j \leqq n$, interpretieren. Ein Vergleich im Falle $\alpha = (\lambda, \ldots, \lambda)$ mit dem infinitesimalen Erzeuger F des verallgemeinerten einparametrigen Weierstraßintegrals (2.16)

$$F = \{-\sum_{j=1}^{n} (\partial/\partial x_j)^2\}^{\lambda/2}$$

zeigt eine prinzipiell verschiedene Struktur; jedoch sind die Definitionsbereiche der Generatoren: $D(F)$ und $\bigcap_{j=1}^{n} D(F_j)$, in den reflexiven Räumen L^p, $1 < p < \infty$, (mengentheoretisch) gleich.

Literaturverzeichnis

[1] ARONSZAJN, N. – F. MULLA – P. SZEPTYCKI, On spaces of potentials connected with L^p classes, Ann. Inst. Fourier (Grenoble) **13** (1963), 211–306.

[2] ARONSZAJN, N. – K. T. SMITH, Theory of Bessel potentials, Part I, Ann. Inst. Fourier (Grenoble) **11** (1961), 385–475.

[3] BERENS, H., Equivalent representations for the infinitesimal generator of higher order in semi-group theory, Nederl. Akad. Wetensch. Indag. Math. **27** (1965), 497–512.

[4] BERENS, H. – E. GÖRLICH, Über einen Darstellungssatz für Funktionen als Fourierintegrale und Anwendungen in der Fourieranalysis, Tôhoku Math. J. **18** (1966), 429–453.

[5] BERENS, H. – R. J. NESSEL, Contributions to the theory of saturation for singular integrals in several variables, IV. Product kernels and *n*-parameter approximation, Nederl. Akad. Wetensch. Indag. Math. **30** (1968), 325–335, V. Saturation in $L_p(E^n)$, $2 < p < \infty$, Nederl. Akad. Wetensch. Indag. Math. **31** (1969), 71–76.

[6] BESOV, O. V., Investigation of a family of function spaces in connection with theorems of imbedding and extension, Amer. Math. Soc. Translations **40** (1964), 85–125.

[7] BOCHNER, S., Diffusion equation and stochastic processes, Proc. Nat. Acad. Sci. U.S.A. **35** (1949), 368–370.

[8] BOCHNER, S., Lectures on Fourier integrals, Princeton 1959.

[9] BOCHNER, S., Harmonic analysis and the theory of probability, Los Angeles 1960.

[10] BOCHNER, S. – K. CHANDRASEKHARAN, Fourier transforms, Princeton 1949.

[11] BUTZER, P. L., Fourier-transform methods in the theory of approximation, Arch. Rational Mech. Anal. **5** (1960) 390–415.

[12] BUTZER, P. L., On some theorems of Hardy, Littlewood and Titchmarsh, Math. Ann. **142** (1961), 259–269.

[13] BUTZER, P. L., Saturation and approximation, SIAM J. Numer. Anal. Ser. B, **1** (1964), 2–10.

[14] BUTZER, P. L. – H. BERENS, Semi-groups of operators and approximation, Grundl. d. math. Wiss. Bd. 145, Berlin 1967.

[15] BUTZER, P. L. – R. J. NESSEL, Contributions to the theory of saturation for singular integrals in several variables. I. General theory, Nederl. Akad. Wetensch. Indag. Math. **28** (1966), 515–531.

[16] BUTZER, P. L. – R. J. NESSEL, Fourier analysis and approximation. Vol. I, Birkhäuser, Basel 1970 (im Druck).

[17] BUTZER, P. L. – W. TREBELS, Hilberttransformation, gebrochene Integration und Differentiation, Köln–Opladen 1968.

[18] BUTZER, P. L. – W. TREBELS, Opérateurs de Gauss-Weierstrass et de Cauchy-Poisson et conditions lipschitziennes dans $L^1(E_n)$, C. R. Acad. Sci. Paris **268** (1969), 700–703.

[19] COOPER, J. L. B., Some problems in the theory of Fourier transforms, Arch. Rational Mech. Anal. **14** (1963), 213–216.

[20] GÖRLICH, E., Distributionentheoretische Methoden in der Saturationstheorie, Dissertation, Aachen 1967.

[21] GÖRLICH, E., Distributional methods in saturation theory, J. Appr. theory **1** (1968), 111–136.

[22] GÖRLICH, E., Zur Saturation von Summationsverfahren mehrdimensionaler Fourierreihen, S. B. Österr. Akad. Wiss. **177** (1969), 171–202.

[23] GÖRLICH, E., Saturation theorems and distributional methods, in: Abstract spaces and approximation, ed. by P. L. Butzer – B. Sz.-Nagy, ISNM Vol. 10, Basel 1969, 218–232.

[24] GÖRLICH, E. – R. J. NESSEL, Über Peano- und Riemann-Ableitungen in der Norm, Archiv d. Math. **18** (1967), 399–410.

[25] KOJIMA, M. – G. SUNOUCHI, On the approximation and saturation by general singular integrals, Part II (in print).

[26] LIZORKIN, P. I., Nonisotropic Bessel potentials. Imbedding theorems for Sobolev spaces $L_p^{(r_1,\ldots,r_n)}$ with fractional derivatives, Soviet Math. Dokl. **7** (1966), 1222–1226.

[27] LIZORKIN, P. I., Theorems of Littlewood-Paley type for multiple Fourier integrals, Proc. Steklov Inst. Math. **89** (1967), 247–267 (AMS).

[28] MARCHAUD, A., Sur les dérivées et sur les différences des fonctions de variables réelles, J. de Math. **6** (1927), 337–425.

[29] MIKHLIN, S. G., Multidimensional singular integrals and integral equations, Oxford 1965.

[30] NESSEL, R. J., Das Saturationsproblem für mehrdimensionale singuläre Integrale und seine Lösung mit Hilfe der Fouriertransformation, Dissertation, Aachen 1965.

[31] NESSEL, R. J., Contributions to the theory of saturation for singular integrals in several variables, II. Applications, III. Radial kernels, Nederl. Akad. Wetensch. Indag. Math. **29** (1967), 52–73.

[32] NIKOLSKIĬ, S. M., On imbedding, continuation and approximation theorems for differentiable functions of several variables. Russ. Math. Surveys **16** (1961), 55–104.

[33] OKIKIOLU, G. O., Fourier transforms and the operator H_α, Proc. Cambridge Philos. Soc. **62** (1966), 73–78.

[34] RIESZ, M., L'integrale de Riemann-Liouville et le problème de Cauchy, Acta Math. **81** (1948), 1–223.

[35] SCHWARTZ, L., Théorie des distributions, Vol. I, Actualités Sci. Industr., no. 1245, Hermann, Paris 1957.

[36] SOKOŁ-SOKOŁOWSKI, K., On trigonometric series conjugate to Fourier series of two variables, Fund. Math. **34** (1947), 166–182.

[37] STEIN, E. M., The characterization of functions arising as potentials, Bull. Am. Math. Soc. **67** (1961), 102–104.

[38] SUNOUCHI, G., Direct theorems in the theory of approximation (in print).

[39] SUNOUCHI, G. – C. WATARI, On determination of the class of saturation in the theory of approximation of functions, I. Proc. Japan Acad. **34** (1958), 477–481; II. Tôhoku Math. J. **11** (1959), 480–488.

[40] TREBELS, W., Charakterisierungen von Saturationsklassen in $L^1(E_n)$, Dissertation, Aachen 1969.

[41] TREBELS, W., Über absolute Summierbarkeit von n-dimensionalen Fourierreihen und Fourierintegralen, J. Appr. Theory **2** (1969), 394 – 399.

[42] WEISS, G., Analisis armonico en varias variables. Teoria de los espacios H. P., Universidad de Buenos Aires, 1960.

[43] ZAMANSKY, M., Classes de saturation de certains procédés d'approximation des séries de Fourier des fonctions continues et application à quelques problèmes d'approximation, Ann. Sci. École Norm. Sup. **66** (1949), 19–93.

Forschungsberichte des Landes Nordrhein-Westfalen

Herausgegeben im Auftrage des Ministerpräsidenten Heinz Kühn
von Staatssekretär Professor Dr. h. c. Dr. E. h. Leo Brandt

Sachgruppenverzeichnis

Acetylen · Schweißtechnik

Acetylene · Welding gracitice
Acétylène · Technique du soudage
Acetileno · Técnica de la soldadura
Ацетилен и техника сварки

Arbeitswissenschaft

Labor science
Science du travail
Trabajo científico
Вопросы трудового процесса

Bau · Steine · Erden

Constructure · Construction material · Soil research
Construction · Matériaux de construction · Recherche souterraine
La construcción · Materiales de construcción · Reconocimiento del suelo
Строительство и строительные материалы

Bergbau

Mining
Exploitation des mines
Minería
Горное дело

Biologie

Biology
Biologie
Biologia
Биология

Chemie

Chemistry
Chimie
Quimica
Химия

Druck · Farbe · Papier · Photographie

Printing · Color · Paper · Photography
Imprimerie · Couleur · Papier · Photographie
Artes gráficas · Color · Papel · Fotografía
Типография · Краски · Бумага · Фотография

Eisenverarbeitende Industrie

Metal working industry
Industrie du fer
Industria del hierro
Металлообработывающая промышленность

Elektrotechnik · Optik

Electrotechnology · Optics
Electrotechnique · Optique
Electrotécnica · Optica
Электротехника и оптика

Energiewirtschaft

Power economy
Energie
Energía
Энергетическое хозяйство

Fahrzeugbau · Gasmotoren

Vehicle construction · Engines
Construction de véhicules · Moteurs
Construcción de vehículos · Motores
Производство транспортных средств

Fertigung

Fabrication
Fabrication
Fabricación
Производство

Funktechnik · Astronomie

Radio engineering · Astronomy
Radiotechnique · Astronomie
Radiotécnica · Astronomía
Радиотехника и астрономия

Gaswirtschaft
Gas economy
Gaz
Gas
Газовое хозяйство

Holzbearbeitung
Wood working
Travail du bois
Trabajo de la madera
Деревообработка

Hüttenwesen · Werkstoffkunde
Metallurgy · Materials research
Métallurgie · Matériaux
Metalurgia · Materiales
Металлургия и материаловедение

Kunststoffe
Plastics
Plastiques
Plásticos
Пластмассы

Luftfahrt · Flugwissenschaft
Aeronautics · Aviation
Aéronautique · Aviation
Aeronáutica · Aviación
Авиация

Luftreinhaltung
Air-cleaning
Purification de l'air
Purificación del aire
Очищение воздуха

Maschinenbau
Machinery
Construction mécanique
Construcción de máquinas
Машиностроительство

Mathematik
Mathematics
Mathématiques
Matemáticas
Математика

Medizin · Pharmakologie
Medicine · Pharmacology
Médecine · Pharmacologie
Medicina · Farmacología
Медицина и фармакология

NE-Metalle
Non-ferrous metal
Metal non ferreux
Metal no ferroso
Цветные металлы

Physik
Physics
Physique
Física
Физика

Rationalisierung
Rationalizing
Rationalisation
Racionalización
Рационализация

Schall · Ultraschall
Sound · Ultrasonics
Son · Ultra-son
Sonido · Ultrasónico
Звук и ультразвук

Schiffahrt
Navigation
Navigation
Navegación
Судоходство

Textilforschung
Textile research
Textiles
Textil
Вопросы текстильной промышленности

Turbinen
Turbines
Turbines
Turbinas
Турбины

Verkehr
Traffic
Trafic
Tráfico
Транспорт

Wirtschaftswissenschaften
Political economy
Economie politique
Ciencias económicas
Экономические науки

Einzelverzeichnis der Sachgruppen bitte anfordern

Westdeutscher Verlag · Köln und Opladen

567 Opladen/Rhld., Ophovener Straße 1–3, Postfach 1620